LAND ROVER & DEFENDER 1983–2016

Andreas Woithon

Motor
buch
Verlag

Einbandgestaltung: Luis dos Santos unter Verwendung von Aufnahmen aus dem Archiv des Herstellers

Dank und Fotonachweis:
Soweit nicht anders angegeben, stammen alle Fotos aus den Archiven des Herstellers und des Motorbuch Verlags.

Ein besonderer Dank des Verlages geht an das Online-Magazin Matsch & Piste (https://matsch-und-piste.de) für die Unterstützung.

ISBN: 978-3-613-04845-4

1. Auflage 2026

Sie finden uns im Internet unter www.motorbuch-verlag.de

Lektorat: Bernd Keidel
Innengestaltung: WS Werbeservice Linke
Druck und Bindung: Graspo CZ, 76302 Zlin
Printed in Czech Republic

Zum Abschied des klassischen Defenders würdigte Land Rover seine Offroad-Ikone mit einer Reihe von Limited-Edition-Modellen für das Modelljahr 2015. Die Modelle dieser »Final Edition« trugen die klangvollen Namen Autobiography (180 Exemplare, LED-Scheinwerfer), Heritage (ohne Schnickschnack) und Adventure (mit praktischem Schnorchel, von links).

Land Rover Defender in königlichen Diensten – Queen Elizabeth II mit Crown Equerry Lt. Col. Sir John Miller auf dem Windsor-Anwesen, 11. Mai 1985. (Foto: Getty images)

Vorwort

Da ist es nun. Mein erstes Buch und ich hoffe dem interessierten Leser damit eine Freude zu machen und Informationen zu bieten. Dass ich ein solches Schreiben würde, hätte ich 2009 nicht geahnt, als ich meinen guten Mercedes abgab und mir einen Land Rover Defender 90 Td5 Station Wagon kaufte. Mit Beulen, einer Tür die in Kreisverkehren aufflog, einem hakeligen Getriebe und der einen oder anderen Undichtigkeit. Ansonsten ziemlich Werksstandard. Eigentlich wollte ich nur dieses eckige Auto haben. Ich bekam aber viel mehr. Ein ganzes neues Leben.

Es folgte das erste Landy-Treffen, bei dem sich mir erstmals der Blick in eine neue Welt öffnete: Reisen, Abenteuer, Technik. Alles Dinge, die ich prima fand. So rutschte ich Stück für Stück hinein, in diese Welt. Ich lernte viele neue Leute kennen, die mein Leben bereicherten, von denen ich lernte und profitierte. Ab jetzt galt: Reisen nur noch mit dem Land Rover. Beim Schrauben wagte ich mich an immer schwierigere Sachen heran. Ich wollte etwas zurückgeben und begann meinerseits Dinge für andere Landyfahrer zu tun. Ich übernahm ein ziemlich totes Internet-Forum, baute es wieder auf, um ein virtuelles Zuhause für Gleichgesinnte zu schaffen. Ich plante und führte unentgeltlich Touren durch. Dann kam Landy Nr. 2, eine alte Serie 2A und danach meine zweite Frau, mit dem nächsten Landy im Gepäck. Da ging es dann richtig los. Wir gründeten Matsch&Piste, ein Offroad- und Reisemagazin. Wir organisierten uns eine Werkstatthalle, wo der eine oder andere auch mal zum Schrauben oder Grillen vorbei kommt. Weitere Landys kamen in unseren Bestand. Schon wegen der verschiedenen Land Rover, die nun da waren, stieg ich immer tiefer in das Thema ein. Bereiste mehrfach England und besuchte dort Museen und das Land Rover Werk in Solihull, noch bevor die Produktion des Defenders eingestellt wurde.

Wo fängt das Thema Landy an, wo hört es auf? Es war klar, dass ich bei dem vorgegebenen Platz Grenzen setzen musste. Dieses Buch gibt einen Abriss der Geschichte der Marke Land Rover, handelt in Kurzform die legendären Vorgängermodelle des Landys ab und beschreibt dann alle Standardmodelle der Land Rover Defender-Reihe und ihrer direkten Vorläufer von 1983 bis 2016, sowie der Änderungen, die sie erfahren haben.

Ich danke meinen Begleitern auf diesem Weg: Nik, meine Frau und Gefährtin, Jochen »Corvus« Rohr, Ralf Ehlermann, Hans-Christian »H.C.« Maurer, Elena & Markus »Hoffy« Hoffmann, Sandra & Marcus Falkenburg, Eck Hustedt, Björn Eldracher.

Andreas Woithon, im Frühjahr 2026

1986 Ninety V8 County – ein Vertreter der Wende vom reinen Nutzfahrzeug zum Freizeitmobil mit kraftvollem V8-Motor.

Land Rover Classic präsentierte 2021 den streng limitierten Defender Works V8 Trophy: weltweit nur 25 Exemplare, neu aufgebaut von Land Rover Classic, mit 5,0-Liter-V8 (405 PS), Achtgang-Automatik und umfangreicher Offroad-Ausstattung. Käufer erhielten zudem Zugang zu einem exklusiven Abenteuer-Event im Testgelände Eastnor Castle.

Land Rover Defender 110 in Sossusvlei, Namibia. (Foto: Getty Images)

Kapitel 1: Das kompromiss-loseste Auto der Welt

Die »Camel Trophy« gilt vielen als das letzte echte Abenteuer. Der Land Rover Defender war mit seiner Robustheit, Geländegängigkeit und Zuverlässigkeit das prägende Fahrzeug der legendären Veranstaltung.

Hier meint es jemand Ernst mit dem Abenteuer. (Foto: Andreas Woithon)

Land Rover Defender – dieser Name ist für Viele zum Synonym für einen speziellen Typ Auto geworden. Ein Auto, das viele Namen hatte, aber in seiner Grundkonstruktion nur wenig Änderungen erfahren hat. 68 Jahre lang. Ein Name der entweder Herzen höherschlagen und Augen funkeln lässt oder zum genervten Verdrehen eben jener führt.

Was ist es, das die Menschen an diesem Auto, das zuletzt den Namen Defender trug, entweder fasziniert oder vollkommene Ablehnung hervorruft? Ist es das Design, dass sich tatsächlich nur wenig geändert hat und in etlichen Fällen nur, weil es das Gesetz so wollte? Ist es diese Urform, die kleine Kinder zeichnen, wenn sie ein

Auto malen sollen? Ist es das Abenteuer, die hohe Geländetauglichkeit, nach der sich viele sehnen oder die Tatsache, dass zahlreiche Expeditionen, Filme, Bücher und insbesondere die legendäre Camel Trophy untrennbar mit diesem Auto verbunden sind?
Und woher rührt die Ablehnung? Aus der Abwesenheit von Komfort? Der völlig schrägen Fahrerposition? Der nachgesagten Unzuverlässigkeit? Dem Ignorieren jeglicher Trends und dem Anachronismus, den dieses Auto verkörpert? Ich bin der falsche das zu beantworten, denn ich gehöre klar zu der ersten Gruppe, die ihr Herz an dieses Fahrzeug verloren hat.
Zunächst ein paar beeindruckende Fakten. Nach dem Morgan 4/4, der ganze 83 Jahre gebaut wurde (1936–2019), kommt der Land Rover Defender mit seinen Vorgängern unter den weltweit am längsten gebauten Autos mit 68 Jahren (1948–2016) gleich auf Platz zwei. Nimmt man nur die Modelle mit Schraubenfedern, die später den Namen Defender bekamen, schafft er immer noch auf Platz zehn mit 33 Jahren Bauzeit.
Eine genaue Zahl der insgesamt produzierten Land Rover und Defender gibt es nicht, aber alle Quellen kommen auf eine Zahl zwischen 2,2 und 2,5 Millionen Einheiten. In den 1980er-Jahren behauptete Tony Gilroy, damals Managing Director bei Land Rover, dass 70 Prozent aller jemals gebauten Land Rover noch irgendwo auf der Welt herumfahren. Ob das stimmt, kann wohl keiner sagen, aber gefühlt ist es so. Manche behaupten scherzhaft, dass es stimmen muss, schließlich seien nur 30 Prozent am Ziel angekommen.
Spaß beiseite: Man muss nur die stolzen Besitzer betrachten. Wie sie ihre Fahrzeuge am Fahren halten, nicht selten kann von liebevoller Pflege gesprochen werden. Teilweise über Jahrzehnte hinweg. Die Fahrzeuge werden in die Familie integriert und bekommen Namen. Sie schaffen viele gemeinsame Erinnerungen. Etwa, wenn zwei junge Menschen zu einer Weltreise mit zwei Defendern aufbrechen und als eine Familie mit Kind mit einem Defender zurückkehren. Manche ergattern ein vernachlässigtes Modell und restaurieren es liebevoll über mehrere Jahre, denn viele Teile sind immer noch zu haben. Als Originalersatzteil, oder zunehmend auch als Nachbau.
Ich denke da gerne an ein Video, dass das größte bisherige Land Rover Treffen der Welt zeigt, 2012 in Vaal, Südafrika. Es heißt »My Land Rover has a soul« und ist auf Plattformen wie YouTube oder Vimeo zu finden. 1007 Land Rover waren dort, es dauerte über drei Stunden, alle Fahrzeuge zu einem Konvoi auf die Straße zu bringen. In diesem Video haben die stolzen Besitzer ihrem Land Rover ein Gedicht geschrieben, in dem sie seine Ecken und Kanten und die kleinen Macken hochleben lassen. Welches Auto kann das von sich behaupten?

Nutzt den QR-Code um zum Video »My Land Rover has a Soul« zu gelangen:

Menschen hassen oder lieben dieses Auto. Der Land Rover testet einen. Die Geduld, die Leidensfähigkeit und manchmal den Geldbeutel. Wer durchhält, wird jedoch belohnt. Es entstehen einzigartige Momente und gute Freundschaften. Diese haben oft über das Auto hinweg bestand, da sich gleichgesinnte getroffen haben. Sie grüßen sich, wenn sie sich begegnen. Nicht wenige grüßen Fahrer anderer Marken, wenn sie sich unter Gleichen wähnen. Land Rover-Fahrer sehen sich gerne als Familie und so fühlt es sich bis heute auch für mich an.
Insbesondere das Lebensgefühl, das sich für mich durch den Defender einstellte, veränderte viel. Ich habe mich ein Stück weit von der Hetze und dem Stress entkoppelt. Es wirkte wie ein Tritt auf die

Es ging sehr lange sehr simpel zu im Cockpit des Land Rovers.

1995er Land Rover Defender im Camel Trophy-Dekor. (Foto: Getty Images)

Landyfahrer treten oft in Rudeln auf. (Foto: Andreas Woithon)

Bremse um mich auf ein normales, gesundes Lebenstempo zurückzubringen. Lass doch die anderen vorbeirasen. Ich kann mittlerweile nichts mehr mit den modernen Fahrzeugen anfangen, die alle drei Jahre erneuert werden. Ich habe vollkommen das Interesse daran verloren, diesen neuen Entwicklungen, den heutigen Plastik-Wegwerfautos, die zudem wenig Nachhaltig sind, hinterherzurennen. Ich will keine Assistenten in meinem Fahrzeug haben, die nerven und mich ein Stück weit entmündigen. Ich möchte echtes Autofahren und es genießen.
Was Abseits der Gefühle stimmt, ist, dass der Land Rover stoisch vieles, das die Automobilindustrie in den sechs Jahrzehnten an Trends, Formen, Designs und technischen Innovationen, Verbesserungen und auch Schnickschnack hervorgebracht hat, ignoriert hat. Verlangte der Gesetzgeber eine Änderung, wurde sie umgesetzt. Zumindest meistens. Als der Airbag, der in Deutschland übrigens immer noch nicht Pflicht ist, in den USA vorgeschrieben wurde, zog Land Rover den Defender dort einfach zurück.
Die Innovationen hielten sich in Grenzen. Auf der einen Seite wurde das Antiblockiersystem ABS übernommen, bevor es 2017 Pflicht wurde. Es gab Sitzheizungen, Klimaanlagen und eine Frontscheibenheizung. Im letzten Modelljahr gab es sogar ein ESP-System. Kamen strengere Abgasregularien, wurden sie erfüllt, wenn auch manchmal durch Ausreizen der gesetzlichen Möglichkeiten und Fristen, wie beispielsweise durch die Nutzfahrzeug-N1-Zulassung der letzten Modelle.
Auf der anderen Seite kümmerte sich Land Rover nur sehr eingeschränkt um die Belange der Kundschaft. Beispielsweise mit einem »Wassereintrittshandbuch« für den geneigten Bastler oder die

Der Defender ist ein treuer Gefährte für jedes Abenteuer. (Foto: Andreas Woithon)

Werkstatt, um die Undichtigkeiten, die schon Neufahrzeuge betrafen, zu stoppen. Das Wasser kam manchmal von oben, manchmal von unten, konnte der hinten Sitzende doch am Teppich vorbei auch mal einen kleinen Blick auf die Straße erhaschen. Das Problem des durchbrennenden Lichtschalters wurde tatsächlich erst im allerletzten Modell werksseitig behoben. Jahrzehnte lang sah Land Rover zuvor dabei zu, wie findige Tüftler das Problem selbst lösten. Auch die ewig undichte Welle im Verteilergetriebe LT230 bescherte mehr dem Teilemarkt mit seinen individuellen Lösungen Profit als Land Rover selbst.

Das macht den Land Rover so wahnsinnig einzigartig. Und verschroben. Denn, trotzt alledem, hielten viele ihm die Stange bis zum letzten Produktionstag. Und darüber hinaus.

Kapitel 2: Wie alles Anfing – Die Land Rover-Story

Es ist kurz nach dem Zweiten Weltkrieg. Großbritannien muss seine Wirtschaft wieder in Gang bringen und das funktioniert nur mit Exporten, die Devisen ins Land bringen. Das Motto lautete: »Exportiere oder stirb.«

Die Rover Company Ltd. hatte im Krieg ihre Hauptproduktionsstätte in Coventry eingebüßt. Dort wurden Flugzeugmotoren hergestellt, wie es die »Shadow Plans« vorgesehen hatten. Diese Pläne der britischen Regierung, die zwischen dem Ersten und Zweiten Weltkrieg entworfen und umgesetzt wurden, sahen vor, die britische Automobilindustrie sehr schnell auf Kriegswirtschaft umstellen zu können. So entstand das Rover-Werk in Solihull bei Birmingham, in dem Flugzeuge gebaut werden sollten. So kam es dann auch, als der Zweite Weltkrieg ausbrach.

Ursprünglich war es sogar die Firma Rover selbst, die mit der Erforschung und Entwicklung von Flugzeugturbinen anfing. Als Rover dabei mit einem Ingenieursbüro zusammenarbeiten musste, kam es zu Reibereien. Das verlangsamte die Entwicklung. Die Regierung sah sich das nicht lange an und entzog Rover das Projekt und wies es Rolls-Royce zu. So kam Rolls-Royce zu Strahltriebwerken. Einige Ingenieure wechselten zu dieser Zeit von Rover zu Rolls-Royce. Rover bekam im Gegenzug den 12-Zylinder-Rolls-Royce-Meteor-Flugzeugmotor zur Adaption in Panzer. Überbleibsel aus der Kriegszeit waren einige Rover-Fahrzeuge mit Gasturbinenantrieb, wie der Rover Jet 1, T2, T3 und der Rover-B.R.M.

Nach dem Krieg war Großbritannien dringend auf Devisen aus dem Ausland angewiesen, um wieder auf die Beine zu kommen. Deshalb wurde der knappe Stahl subventioniert und nur Firmen zugeteilt, die Waren exportieren konnten. Rover fehlte dazu leider ein attraktives Fahrzeug. Die Rover P2-Reihe war ein Vorkriegsmodell und galt als veraltet. Während des Krieges war an Weiterentwicklungen nicht zu denken. Guter Rat war nun gefragt.

Zu dieser Zeit waren zwei Brüder, Spencer Bernau Wilks, geschäftsführender Direktor bei Rover und Maurice Cary Wilks, Chefingenieur, an der Spitze des Autobauers. Sie besaßen Land auf der Halbinsel Anglesey. Um dieses Land zu bewirtschaften, erstanden sie ein altes Bren-Panzer-Fahrgestell. Dieses tauschten sie mit ihrem Nachbarn Colonel Nash gegen einen Willis Jeep ein, da der Panzer doch zu viele Limitierungen hatte. Die Amerikaner hatten viele dieser Jeeps in Großbritannien zurückgelassen und sie erfreuten sich auf dem Land einer großen Beliebtheit. Da sie aber nicht für die Ewigkeit gebaut waren, wurde es zunehmend schwer für die Besitzer, die Fahrzeuge in Gang zu halten. Die Wilks-Brüder erkannten sofort die Vorteile solch eines kleinen, geländegängigen Allradfahrzeugs und auch den hohen Bedarf an dieser Art von Fahrzeugen.

Als die beiden Brüder wieder einmal den Strand von Anglesey genossen, kam es dann zu der Begebenheit, die gemeinhin als Beginn von Land Rover angesehen wird: Maurice Wilks zeichnete seinem Bruder die Umrisse eines Geländewagens in den Sand, den Rover bauen sollte. Ein Ereignis, das am 7. Januar 2015 mit einer Hommage gefeiert wurde, als sechs Land Rover aus allen Generationen mit Eggen ein einen Kilometer großes Bild des letzten Sondermodells in den Sand pflügten.

Bei Rover begannen die Arbeiten an dem Fahrzeug. Es wurden ein paar Jeeps besorgt und zwei Prototypen auf deren Rahmen aufgebaut. Ursprünglich war ein Mittellenker vorgesehen, und es wurde sogar ein Prototyp davon gebaut. Dieses Konzept hätte den Vorteil geboten, die zusätzlichen Kosten für links- und rechts-gelenkte Fahrzeugvarianten zu vermeiden. Letztlich wurde es jedoch wieder verworfen.

Das Auto bekam einen robusteren Kastenrahmen als der Jeep. Für die Außenhaut wurde Aluminium gewählt, da es noch in großen Mengen aus dem Flugzeugbau während des Krieges zur Verfügung stand. Auch die erste angebotene Farbe, das typische Land Rover Grün, stammte aus Restbeständen des Flugzeugbaus. Es handelte sich um das klassische helle Pastellgrün »Light Green« der RAF. Diese Farbe diente der Innenlackierung der Flugzeuge. Der Name des Autos wurde ebenfalls festgelegt: Land Rover.

Am 30. April 1948 war es so weit: Der Land Rover wurde auf der

Amsterdam Motor Show der Weltöffentlichkeit vorgestellt. Das Auto sollte für Rover ursprünglich nur die Zeit überbrücken, die benötigt wurde, um wieder eine konkurrenz- und exportfähige Limousine auf den Markt zu bringen.
Parallel wurde die Marketingmaschine angeworfen. Der Land Rover wurde als landwirtschaftliches Nutzfahrzeug beworben. Sehr glaubwürdig, bot er doch überhaupt keinen Komfort, aber einen Kraftentnahmepunkt um Maschinen und Generatoren zu betreiben. Clever war das zudem: landwirtschaftliche Fahrzeuge waren zu jener Zeit in Großbritannien steuerlich begünstigt und von der Fahrzeugsteuer befreit. Das garantierte höhere Verkaufszahlen, der Preis lag bei der Einführung bei 450 Pfund. Gemäß des Kaufkraftrechners der Bank of England entspräche das heute ca. 14.300 Pfund oder 16.400 Euro.
Als die Restbestände des Light Green zur Neige gingen und das Militär Interesse zeigte, musste eine andere, dunklere Farbe gefunden werden. Die Wahl fiel auf das dunklere Bronze Green und danach das Deep Bronze Green, die beide zu prägenden Farben der Fahrzeuge wurden.

Ein Auto nur zur Überbrückung

Wurde der Land Rover zunächst nur als finanzielle Brücke gesehen, die das Überleben der Firma sichern sollte, wurde schnell klar, dass hier viel mehr Potenzial versteckt war. Was für eine Erfolgsstory es dann wurde, hatte aber noch niemand vorhergesehen.
Der ursprüngliche Produktionsplan von 100 Fahrzeugen pro Woche blieb rasch hinter der großen Nachfrage zurück. Bis Jahresende wurden bereits 3.048 Einheiten verkauft, im ersten Geschäftsjahr rund 8.000. Die Produktion hinkte hinterher.
Zu dem ersten Modell mit Softtop (Plane-Spriegel) und 80" Achsabstand gesellten sich über die Jahre viele weitere Modelle mit unterschiedlichen Längen und Ausstattungen hinzu. Zuerst wuchs der Achsabstand 1953 auf 86". 1955 folgte ein zweites Modell mit 107" und ein Jahr später wurden das kurze Modell auf 88" und das lange auf 109" vergrößert. Während der 88" später auf 92" verlängert wurde, blieb der Achsabstand des großen Modells lange bei 109", später bei 110". Dann gesellte sich noch eine lange Version mit 127" und in Südafrika, als Safari-Fahrzeug, noch eine Version mit 147" Achsabstand und sieben Türen dazu. Die Angabe des Achsabstandes blieb über die gesamte Produktionszeit von 1948 bis 2016 immer Teil des Modellnamens.

Der Land Rover erobert die Welt

Der Siegeszug des Land Rover begann direkt am ersten Tag. Schauen wir uns die Produktionszahlen an, so stiegen sie von 1948 mit 1.758 Einheiten bis ins Jahr 1971 mit 56.564 Einheiten tendenziell nur an. Ab dann sanken sie ab und der Defender konnte daran nicht mehr anknüpfen. Die vierte Generation des Land Rover sah in den Jahren zwischen 1983 und 1990 ihren Höhepunkt, als der Name Defender noch nicht existierte: Im Jahr 1985 mit 31.046 Fahrzeugen. Nach der Einführung des Namens Defender wurde die höchste Verkaufszahl mit 28.898 Einheiten im Jahr 2000 erreicht. 2015, als das Ende des Defender besiegelt war, stiegen die Zahlen erstmals seit 2008 noch einmal auf über 20.000 Stück, genauer auf 23.127 Fahrzeuge. Wahrscheinlich wollten sich noch einige diese Ikone vor dem endgültigen Aus sichern.
Zum Vergleich, Mercedes-Benz feierte 2016 den größten Verkaufserfolg seiner ebenfalls als Ikone geltende G-Klasse mit ca. 25.000 Einheiten. Erst die 2018 eingeführte, vollkommen überarbeitete Modellvariante übertraf diese Zahl deutlich.
Als am 29. Januar 2016 um 09:22 Uhr der letzte Defender 90 Td4 2.2 Softtop Heritage-Edition in blassgrün vom Band rollte, waren in diesem Jahr noch einmal 1.673 Fahrzeuge produziert worden.
Der letzte Defender wurde 2019 in einer Auktion in Hamburg für 100.000 Euro, die einem guten Zweck gespendet wurden, verkauft. An seiner Heckwanne befand sich ein Fahrzeugteil, dass sich über die gesamten 68 Jahre nicht verändert hat: der Verdeckhaken.

Ein Defender 147 Td4 im Einsatz im Land Rover Werk, Solihull. (Foto: Andreas Woithon)

Kapitel 3: Der Land Rover ist eine Ikone des Automobilbaus

1998: Land Rover Defender 110 des US-Teams bei der »Camel Trophy« in Tierra del Fuego – im Einsatz auf einer der letzten Etappen dieser legendären Offroad-Expedition durch extremes Gelände.

In 68 Jahren hat der Land Rover Defender tatsächlich die Welt erobert. Nicht selten war er das Erste, das abgeschieden lebende Menschen, Stämme und Dörfer von der modernen Welt zu sehen bekamen. Zahlreiche legendäre Expeditionen, die diesen Namen noch wirklich verdienten, wurden mit Land Rover Fahrzeugen unternommen.
Dazu zählt etwa die First Overland Expedition von 1955/56, die London mit Singapur verband. Noch außergewöhnlicher war die Durchquerung des Darién Gap zwischen Panama und Kolumbien – rund 110 Kilometer nahezu unberührter Regenwald, der bis heute nur fünfmal überhaupt mit Fahrzeugen passiert wurde, davon zweimal mit Land Rovern: 1960 im Rahmen der Trans-Darien Expedition sowie 1972 bei der Trans-Americas Expedition mit zwei Range Rover und einer Land Rover Serie IIa.
Unvergessen bleibt auch die legendäre Camel Trophy, bei der nahezu jedes Land Rover Modell seiner Zeit zum Einsatz kam. Sie gilt bis heute als eine Art »Offroad-Olympiade« und wird oft als eines der letzten großen Abenteuer bezeichnet, das die Welt im klassischen Expeditionssinn noch zu bieten hatte.
Später folgte noch die G4 Challenge, und bis heute begegnet man den »Landys« – mehr oder weniger stark umgebaut – regelmäßig bei internationalen Offroad-Wettbewerben und Expeditionen.

Aber das ist nur die eine Seite des Land Rover und des Defenders. Die andere ist die absolut zeitlose Form, die Möglichkeit mit demselben Auto über den Acker zu fahren oder abends die Oper zu besuchen. Wie sagte es Richard Hammond, britischer Automobiljournalist, Tester und Teil der berühmten Autosendungen Top Gear und Grand Tour: »Der Land Rover ist absolut klassenlos. Er verrät der Welt nichts über deinen Geldbeutel, deine Ambitionen, deinen Erfolg oder deine Fähigkeiten im Schlafzimmer. Mit einem Land Rover kannst du das Land bearbeiten oder du kannst es besitzen.«
Dr. phil. P. R. Hazell schrieb 2017 in seinem Werk »The Making of a Design Icon: The Utility Land Rover«, dass der Übergang vom gefühlt reinen Nutzfahrzeug zu einem Freizeit- und Abenteuerfahrzeug Anfang der 1990er-Jahre dazu beitrug, den Land Rover zur Ikone zu machen. Genau zu diesem Zeitpunkt kam der Name Defender auf. In dieser Zeit wurde das Auto durch die bewusste Neupositionierung im Markt wieder populärer. Der Effekt war, dass seine Historie sichtbarer wurde. Die Menschen interessierten sich plötzlich dafür. Einem breiten Publikum wurde bewusst, dass da kein neues Fahrzeug stand, sondern dass es schon über vierzig Jahre gebaut wurde. Das generierte Authentizität, sowohl für das Auto als auch für die Marke Land Rover.

Die G4 Challenge erwies sich als würdige Nachfolgerin der »Camel Trophy«.

Ein klassischer Land Rover Defender neben zwei von ARES Design modernisierten Umbauten. Der italienische Coachbuilder stattet sie etwa mit V8-Antrieb und neuem Interieur aus, behält aber die Basis des Originals bei.

Zur IAA 2009 präsentierte Land Rover den Defender in den beiden Sondermodellen »Ice« und »Fire«.

Land Rover Defender 110 auf einer unbefestigten Straße im Mlilwane Wildlife Sanctuary (ehemals Swaziland), Afrika.

Kapitel 4: Der Urvater: Land Rover Serie

Die vier Generationen des Land Rover Serie: Serie 1, Serie 2, Serie 2A und die Serie 3. (Foto: Land Rover MENA/ wikimedia commons, CC BY 2.0)

Die Geschichte des Land Rover Defender ist nicht vollständig, ohne zumindest einen Überblick über die Vorgängermodelle von 1948 bis 1983 zu geben. Hieß das Auto in seiner ersten Generation zunächst nur Land Rover, ergab sich mit der zweiten Modellgeneration eine Namensgebung. Fortan hieß das erste Modell Land Rover Serie 1, darauf folgten die Serie 2, 2A und zuletzt die Serie 3. Die Achsstände wurden größer und es kamen mehrere Modellvarianten dazu.

Der Vollständigkeit halber sei erwähnt, dass die Serie 2A und 2B in den Versionen als Frontlenker noch einen Nachfolger erhielten: den 101 Forward Control.

1948 bis 1958 Serie 1

Die Serie 1 ist der Ur-Land-Rover und der Anfang von allem. Das Unterscheidungsmerkmal der Serie 1 zu allen nachfolgenden Modellen sind die absolut geraden Seiten. Es gab weder die bis zum letzten Modell des Defenders vorhandene auffällige Rundung entlang des Fahrzeugs noch die ausgestellten Kotflügel. Die Serie 1 machte viele Veränderungen durch. So gab es sie zunächst nur mit Semaphor-Blinker, Stoffverdeck, innenliegenden Türgriffen, zu denen man durch die Plane greifen musste. Die Scheinwerfer lagen zwischen den Kotflügel und hinter dem Kühlergrill aus Stahlgitter.

»Huey« (HUE 166) aus dem Jahr 1948 ist heute Teil der Werksammlung. Die Lackierung in RAF »Light Green« war typisch für frühe Fahrzeuge der Series 1. (Foto: Land Rover MENA/ wikimedia commons, CC BY 2.0)

Ein früher Land Rover 107" Station Wagon der Serie 1. (Foto: Harald Hansen / wikimedia commons)

Um Steuern zu vermeiden, wurde die Serie 1 als landwirtschaftliches Fahrzeug beworben. Traktoren wie wir sie heute kennen, gab es damals kaum und bei den Bauern in Großbritannien waren die zurück gelassenen Willys Jeeps sehr beliebt. Gab es den Wagen zunächst nur als kurze Version mit 80" Achsstand und Softtop, kamen später ein Hardtop und eine 107" lange Version dazu.

Zu Anfang gab sogar einen geschlossenen Personenwagen, der allerdings nicht von Land Rover selbst gebaut wurde, sondern vom Karosseriebauer Tickford.

Um alles möglichst günstig zu halten und um schnell produzieren zu können, wurde auf Bestehendes zurückgegriffen. Der 1,6-Liter-Benzinmotor war zwar vergleichsweise neu, aber er war ursprünglich für den Rover P3 60 Saloon vorgesehen. Der Land Rover erhielt eine um etwa 10 PS gedrosselte Version. Als Getriebe kam das Vierganggetriebe des Rover P3 zum Einsatz, bei dem nur der dritte und vierte Gang synchronisiert war. Das Verteilergetriebe wurde neu entwickelt. 1951 bekam der Motor 2,0 Liter Hubraum.

Einiges, das sich bereits im ersten Land Rover fand, blieb bis zuletzt: Der Leiterrahmen bestehend aus einem geschweißten Kastenprofil oder die Kraftentnahme (PTO – Power Take-Off) am Verteilergetriebe, die es ermöglichte Geräte und Aggregate anzutreiben.

In den ersten zwei Produktionsjahren der Serie 1 wurde ebenfalls permanenter Allradantrieb verwendet. Dieser war jedoch ohne Mitteldifferenzial, dafür mit einem Freilauf an der Vorderachse versehen, der bei den ersten rund 14.000 Fahrzeugen mit einem Ring im Fußraum betätigt wurde.

Ein 80"-Land Rover Serie 1. (Foto: Andreas Woithon)

Tickford baute eine komfortorientierte Station-Wagon-Version des Land Rover Series 1 mit handgefertigtem Aufbau und erweitertem Innenraum. (Foto: Calreyn88/wikimedia commons, CC BY-SA 4.0)

1958 bis 1961 Serie 2

Zu dieser Zeit sah Rover einen Rivalen für den Land Rover entstehen, den Austin Gipsy. Es war klar, der Land Rover muss überarbeitet werden. Das Ergebnis wurde Land Rover Serie 2 genannt, womit der Vorgänger von nun an auch einen Namen erhielt: Serie 1.

Mit der Serie 2 hielt eine Designänderung Einzug, die bis zum letzten Modell des Defenders bleiben sollte und ein prägendes Merkmal war: die markante umlaufende abgerundete Schulter. Technisch blieb vieles gleich, kastenförmiger Leiterrahmen, zuschaltbarer Allrad, Blattfedern. Neu waren Dinge die heute so belanglos, fast lächerlich erscheinen: ein verstellbarer Fahrersitz, eine hydraulische Kupplung, hängende Pedale die den eindringenden Staub reduzierten, da sie nicht mehr durch das Bodenblech gingen. Standard wurden auch die Ventilationsklappen zur Belüftung, die bis zum Defender Td5 im Jahr 2007 ebenfalls erhalten blieben. Der 2-Liter-Motor wurde durch ein 2,25-Liter-Aggregat ersetzt. Das Schaltgetriebe war weiterhin nur teilsynchronisiert.

Zwei Land Rover Series II (Baujahr 1959) in Svindersvik, Nacka: links ein 88 D mit kurzem Radstand (SWB), rechts ein 109 mit langem Radstand (LWB). (Foto: ArildV/wikimedia commons, CC BY-SA 3.0).

Die Fahrzeuge der Serie 2 und 2A ähneln sich stark. (Foto: A. Woithon)

1961 bis 1971 Serie 2A

Auch wenn Modelle der Serie 2 und 2A in der Literatur oft zusammengefasst werden, so gab es doch einige signifikante Unterschiede. Heute würde das wohl unter dem Begriff »Facelift« subsumiert werden. Das »A« in der Bezeichnung kam jedenfalls durch eine Änderung des Nummerierungssystems der Fahrgestellnummern (VIN, Vehicle Identificaton Number) zustande. Größere Änderungen wurden jetzt durch einen Buchstaben am Ende der Fahrgestellnummer gekennzeichnet. So erhielten die Fahrzeuge ab Oktober 1961 das Suffix »A«, womit die Baureihe fortan Serie 2A hieß. Nur zur Vollständigkeit, die Suffixe der Serie 2A liefen bis zum Buchstaben »H«, was aber am Namen nichts änderte.

Um einige Änderungen zu nennen: Die Lüftungsklappen wurden

Ein Land Rover der Serie 2A im Arbeitseinsatz. (Foto: Andreas Woithon)

Von vielen bedauert, aber gesetzlich gefordert: Ab 1969 wanderten die Scheinwerfer vom Kühlergrill auf den Kotflügel. (Foto: Andreas Woithon)

nicht mehr angeschraubt, sondern genietet, der Dieselmotor besaß jetzt auch 2,25 Liter Hubraum, ebenso wie der Benziner. Es gab nun einen 2,6 Liter Sechszylinder-Benzinmotor. Das Bremsen wurde nun durch einem Bremskraftverstärker erleichtert. Anschnallgurte und Rückfahrscheinwerfer konnten als Option bestellt werden. Bei den letzten Serie 2A-Modellen war das Schaltgetriebe nun vollsynchronisiert und nicht mehr nur der dritte und vierte Gang.
1967 wurde zudem die Karosse umgepolt: Bis dahin war sie der Pluspol (Positive Earth), danach wurde sie zur Masseverbindung (Negative Earth), so wie es schon bei vielen anderen Fahrzeugen war und bis heute Standard ist. Eine Änderung, die auch in die Zeit der Serie 2A fiel und die viele sehr bedauern ist, dass die Hauptscheinwerfer ab 1969 vom Kühlergrill nach außen auf die Kotflügel wanderten. Eine Änderung, die gesetzlich gefordert wurde und ebenfalls eine der deutlich sichtbaren Änderungen über die Jahrzehnte ausmachte.

Das Cockpit wandelte sich mit der Serie 3: Kunststoff ersetzte das blanke Metall, die Instrumente waren nun direkt am Lenkrad platziert.

109"-Land Rover Pickup der Serie 3. (Foto: User:328cia / wikimedia commons, CC BY-SA 3.0

1971 bis 1985 Serie 3

Die dritte Generation erlebte zahlreiche Änderungen, die teilweise bis zum letzten Defender erhalten blieben. Da wären beispielsweise die flachen Türscharniere oder die nun nicht mehr mittig, sondern vor dem Fahrer platzierten Instrumente und Bedienelemente. Das Cockpit bestand nun nicht mehr aus blankem Metall, sondern aus Kunststoff. Insbesondere die steigenden Sicherheitsanforderungen in Deutschland waren ein Treiber dieser Änderungen.

Sehr zum Leidwesen der Outdoor-Fans wurde der Metall-Kühlergrill durch einen aus Kunststoff ersetzt – nun konnte dieser nicht mehr als Grillrost herhalten.

Erstmals gab es ab 1979 den Rover-V8-Benzinmotor im 109"-Modell, Stage One genannt. Er ersetzte den problematischen Sechszylinder, der in der Versenkung verschwand. Mit diesem V8-Fahrzeug gab es erstmals die gerade Front ohne zurückgesetzten Kühlergrill, die alle nachfolgenden Modelle erhalten sollten. Die Stage One hatten permanenten Allradantrieb. Es gab einige wenige 88"-Modelle mit dem V8, die für einen Auftrag der jamaikanischen Polizei produziert wurden, der letztendlich platze. Einige Fahrzeuge waren aber schon gebaut und wurden verkauft.

Eine weitere wichtige Änderung war in den Vierzylinder-Motoren zu finden. Sie erhielten ein viertes und fünftes Kurbelwellenlager, womit einige Probleme der Vergangenheit beseitigt wurden. Land Rover nannte diese Motoren nun 2,3-Liter, wohingegen die mit drei Lagern weiterhin 2,25-Liter genannt wurden. Am Hubraum hat sich jedoch nichts geändert.

Erstmals wurde ab 1979 im »Stage One« der Rover-V8-Motor eingesetzt.

Dieser Land Rover der Serie 3 ist im Dekor des Verbands der Feuerwehren in NRW. (Foto: Andreas Woithon)

Der 4x4-Markt verlässt die Nische

Der Boom an 4x4-Freizeitfahrzeugen, der in den 1980er-Jahren begann, führte bei Land Rover 1982 zur Einführung der Modellreihe County Station Wagon. Diese Modelle waren von nun an die mit der Top-Ausstattung, wenn man das bei einem Land Rover so nennen kann, erkennbar an den auffälligen seitlichen Zierstreifen. Sie bekamen einen Dachhimmel und Sitze mit Stoffbezug und Muster und eine etwas bessere Geräuschdämmung.

Das Marktumfeld

Zu Beginn der 1980er-Jahre tat sich etwas im 4x4-Fahrzeug-Segment. Waren diese Fahrzeuge bis dahin nur in speziellen Anwendungen, wie Forst, Landwirtschaft und Militär zu finden, öffneten bereits der Lada Niva ab 1977 und ab 1980 der Suzuki LJ80 den Zugang zu diesen Fahrzeugen einem breiten Publikum. Sie trafen einen Nerv der Zeit, die Menschen wollten Freizeit und Mobilität über die einmalige jährliche Urlaubsfahrt hinaus verbinden. Knallbunte, freundliche Modelle, Cabriolets und erschwingliche Preise sorgten für einen Boom auf dem europäischen Markt. Kurz vor dem One Ten kam der Mitsubishi Pajero auf den Markt, der erwachsener als die anderen kleinen Spaß-4x4 daherkam, aber auch teurer war. Er lag mit knapp unter 30.000 D-Mark im gleichen Segment wie der Land Rover One Ten. Vergleicht man ihn als Pkw, lag er mit rund 27.000 D-Mark sogar deutlich unter dem Top-Modell des One Ten County Station Wagon, der bei 35.000 D-Mark lag.

Oben: Charakteristisch rustikal präsentieren sich die freistehende Handbremse, die eng angeordneten Pedale und die einfache Mechanik

Mitte: Schlicht, funktional und robust – das reduzierte Cockpit des Series 3 zeigt klassische Rundinstrumente, Kippschalter aus Metall und die unverkennbare utilitaristische Gestaltung, die für harte Einsätze gemacht wurde.

Unten: Bestens gepflegter Motorraum des eines heute seltenen Land Rover Series 3 Stage One V8 mit vollständig revidiertem 3,5-Liter-V8-Motor (vergleiche Kapitel 5).

Die Land-Rover Meilensteine

1948 Die Rover Car Company bringt den Land Rover auf den Markt
1958 Die zweite Generation des Land Rover wird eingeführt, die Serie 2. Ab nun heißt die erste Generation Serie 1.
1961 Mit dem neuen 2,25-Liter-Diesel werden alle Serie 2 nun zur Serie 2A. Ab jetzt hat jede Land-Rover-Serie ein vollsynchronisiertes Getriebe.
1967 Die Rover Company fusioniert mit Leyland Motors zur Leyland Motor Corporation.
1968 Die Leyland Motor Corporation fusioniert mit British Motor Holdings zur British Leyland Motor Corporation (BLMC), kurz British Leyland.
1970 Die zweite Fahrzeugreihe Range Rover kommt auf den Markt.
1971 Die dritte Generation Land Rover Serie 3 löst die zweite Generation ab.
1975 BLMC wird verstaatlicht und zu British Leyland (BL) umbenannt, um eine Pleite abzuwenden.
1978 Aus der Modellreihe Land Rover wird die eigenständigen-Marke Land Rover Limited inkl. des Range Rover unter dem Dach von BL.
1983 Der erste Serie 3-Nachfolger One Ten kommt auf den Markt.
1984 Das kurze Modell Ninety und der lange One Two Seven folgen.
1985 Die dritte Generation Land Rover Serie 3 wird eingestellt.
1986 British Leyland wird in Rover Group umbenannt und bleibt staatlich.
1987 Nach zehn Jahren Grauimport wird der Range Rover offiziell durch Land Rover in den USA angeboten.
1988 Die Rover Group wird wieder privatisiert und an den Rüstungskonzern British Aerospace (BAE) verkauft.
1989 Die Modellreihe Discovery kommt auf den Markt.
1990 Der Name »Defender« wird für die bisherige Land Rover-Reihe eingeführt.
1994 BMW kauft die Rover Group inkl. Land Rover von BAE. Es folgt eine Zeit großer Investitionen.
1998 Der Freelander 1 kommt auf den Markt und ist zeitweise der meistverkaufte SUV in Europa.
2000 BMW splittet die Rover Group und verkauft Land Rover an Ford, Rover geht an Phoenix, darus wird später MG Rover. Bei Ford treffen sich Land Rover und Jaguar unter der Marke Fords PGA (Premium Automotive Group).
2005 Zum Range Rover kommt der Range Rover Sport dazu.
2006 Der Freelander 2 kommt auf den Markt.
2006 Ford kauft zum Markenschutz die Marke »Rover« von BMW.
2008 Tata Motors aus Indien kauft Land Rover und Jaguar.
2011 Der sehr erfolgreiche Range Rover Evoque kommt auf den Markt.
2013 Aus Land Rover und Jaguar wird offiziell Jaguar Land Rover (JLR).
2016 Der letzte Land Rover Defender verlässt in Solihull das Werk.
2019 Der New Defender betritt den Markt als Nachfolger des Defender und ist ebenfalls ein großer weltweiter Erfolg.
2023 Es findet ein großes Re-Branding statt. Die Marke Land Rover tritt in den Hintergrund und die Modellreihen Defender, Discovery, Range Rover und Jaguar werden in den Vordergrund gestellt. JLR tritt nun als »House of Brands« auf.

Land Rover Series 3 Stage One V8 (siehe Kapitel 5) bei der Wasserdurchfahrt – als einziges Series-3-Modell mit permanentem Allradantrieb ganz in seinem Element.

Kapitel 5: Die Entwicklung der nächsten Generation des Land Rover (Stage 2)

Die Entwicklungsarbeit für die Land Rover Serie-3-Nachfolgemodelle begann bereits 1976. Zunächst entstanden vier Aggregateträger. Es lag nahe, das 100" Chassis des Range Rover zu nutzen. Nicht wenige bei Land Rover sahen den Achsabstand von 100" als das ideale Maß für ein Geländefahrzeug an. Die Karosserien der Serie 3 109" wurden daher auf Range Rover Chassis montiert, die auf drei unterschiedliche Längen geschnitten wurden.
Es wurden die Achsabstände 90" (2.286 mm), 100" (2.540 mm) und 110" (2.794 mm) getestet. Im ersten Anlauf wählte Land Rover die Längen 100" und 110" für das kurze und das lange Modell aus. Gegen Ende 1977 wurden dann vier Prototypen mit 100" Achsabstand gebaut. Diese besaßen bereits die später eingeführte einteilige Windschutzscheibe und einen Rover-V8-Motor mit der Frontpartie des Stage One mit dem Kühlergrill aus Metall.
Gut ein halbes Jahr später folgten Prototypen mit 110" Achsabstand. Sie hatten noch die geteilte Windschutzscheibe. Bei allen war um die Scheinwerfer herum lackiertes Kotflügelblech. Die Türen blieben zunächst zweigeteilt mit Schiebefenstern und dem klassischen Türgriff ausgestattet, bei dem der versenkte Hebel zum Öffnen nach oben gedrückt werden musste. Da die verwendeten Range-Rover-Achsen eine breitere Spur besaßen, wurden die Radhäuser mit flexiblen Radlaufverbreiterungen (Eyebrows) versehen.
Durch die Verwendung des Range Rover Leiterrahmens und dessen Achsen wurden die Prototypen mit Schraubenfederung gebaut, neben der Rückkehr des permanenten Allradantriebs die wohl bedeutendste Änderung am Fahrzeugkonzept, die auch in die Serienfertigung übernommen wurde. Ursprünglich waren nicht alle bei Land Rover dafür zu begeistern. Die Überlegungen, das Fahrwerkskonzept des 1970 erschienenen Range Rover auch in den Land Rover zu übernehmen, begannen Anfang der 1970er-Jahre. Die Erfahrungen mit dem Range Rover waren positiv. Chefingenieur Tom Barton hielt dennoch nichts davon, den Land Rover ebenfalls auf Schraubenfedern zu stellen. Es gab große Bedenken, auch bei den Kunden und Fans. Es wurde befürchtet, die Schraubenfedern könnten brechen und den harten Bedingungen in den Ländern ohne glatte Straßen nicht gewachsen sein, dort wo die Land Rover Serien zuhause waren und sich mit ihren Blattfedern bewährt hatten. Wie soll im Busch eine Schraubenfeder repariert werden? Blattfedern hingegen können leicht geflickt werden.
Langjährigen Nutzern der harten Blattfedern war außerdem das stärkere Wanken der neuen Federung, insbesondere in Kurven, sehr suspekt – obwohl sich Schraubenfedern bereits im Range Rover bewiesen hatten. Zudem zog der notorisch klamme Mutterkonzern wieder einmal die finanziellen Mittel ab, was eine zu umfangreiche Neuentwicklung verhinderte.
Erst als Mitte der 1970er-Jahre der Mutterkonzern, mittlerweile BLMC, zu British Leyland umfirmierte und verstaatlicht wurde, gab es frisches Kapital (siehe Ryder Report weiter unten). Die erste Finanzierungsstufe ermöglichte es 1979 den Rover-V8-Benzinmotor im Serie-3-Modell auf den Markt zu bringen, weshalb dieser auch Stage One genannt wird. Die zweite Finanzierungsstufe ermöglichte Neuentwicklungen und somit die neue Generation Land Rover und den Einzug der Schraubenfedern in diese Modelle. Der interne Name der neuen Generation bei Land Rover war daher Stage Two. Diese Bezeichnung fand allerdings in der Öffentlichkeit nie eine breite Anwendung.

Der »Sir Don Ryder Report« Stage One und Stage Two

1975 beauftragte der britische Industrieminister Anthony Wedgewood Benn, Mitglied der Labour-Regierung unter Premierminister Harold Wilson, eine Analyse, wie die ordentlich in Schieflage geratene britische Automobilindustrie gerettet werden könne. Die British Leyland Motor Corporation (BLMC), zu der Rover gehörte, stand vor der Insolvenz und wurde noch im selben Jahr verstaatlicht.

Beauftragt wurde Sir Don Ryder, der den »Ryder Report« erstellte. Er empfahl massive staatliche Investitionen. Ein gefundenes Fressen für die spätere Premierministerin Margaret Thatcher, die gegen staatliche Subventionen und die starke Einbindung der Gewerkschaften war. 1979 erbte sie dann als neue Premierministerin und Angehörige der konservativen Tories den Ryder Report und dessen Folgen und steckte, entgegen ihrer Überzeugung, weiterhin viel staatliches Geld in die britischen Automobilfirmen.

Der Report sah drei große Ziele vor: Vollbeschäftigung vor Profit, starke Mitbestimmung der Mitarbeiter in Form industrieller Demokratie und massive Investitionen. Dabei sollte British Leyland zu einem »nationalen Champion« werden.

Nach heutigem Wert und inflationsbereinigt sollten rund zwölf bis 15 Milliarden Euro fließen. Die erste Tranche (Stage One) betrug ca. 2,2 Milliarden Euro. Damit erwarb der Staat ca. 95 Prozent des Unternehmens.

Neben der Modernisierung der Fabriken, half diese Summe, den bereits seit längerem bestehenden Rover-V8-Motor weiter zu produzieren. Er war bereits eine Stütze der britischen Automobilindustrie und einer der wenigen international konkurrenzfähigen Motoren. Entsprechend oft war er in verschiedenen britischen Fahrzeugen zu finden, beispielsweise im Rover P5B, P6, im Range Rover Classic, Triumph TR8, MGB GT V8, Morgan Plus 8 und weiteren Modellen.

Er war auch für den neuen Rover SD1 vorgesehen, der überhaupt erst durch die erste Finanzspritze möglich wurde als Hoffnungsträger galt. Als einer der wenigen profitablen Teile British Leylands kam auch Land Rover in den Genuss, das Triebwerk verwenden zu dürfen. Es wurde zuerst in den Land Rover Serie 3 V8 eingepflanzt, der erhielt so intern den Namen »Land Rover Stage One«. 1977 kam es auch in den Land Rover 101 Forward Control. Ferner kam der Motor auch im Discovery 1 und 2 sowie der ersten und zweiten Generation P38 zum Einsatz.

Weitere Tranchen folgten. Die Einführung des »Stage Two« ermöglichte die Entwicklung eines neuen Fahrwerks auf Schraubenfeder-Basis und führte direkt zu den neuen Modellen One Ten, Ninety und One Two Seven.

Es kamen Zweifel auf, ob 100" und 110" die richtige Wahl war, lagen sie doch recht nah beieinander. Erst kurz vor der geplanten Markteinführung fiel die Entscheidung, die 100" Variante auf 90" zu ändern. Das ist einer der Gründe, warum bei Marktantritt zuerst der größere Achsabstand 110" vorgestellt wurde. Zudem gab es zu dieser Zeit einen Wechsel in der Führung und der neue Chefingenieur Mike Broadhead ging dazu über, von den imperialistischen Maßen auf das metrische System zu wechseln, was in einer erneuten Änderung von 90" (2.286 mm) zu 92,9" (2.360 mm) mündete. Der andere Grund war, dass das lange Modell Vorrang besaß, da es sich besser verkaufte als die kurze Version.

Letztendlich blieb es dann bei 110" Achsabstand für das erste neue LWB Modell (Long Wheel Base) der vierten Generation des Land Rover.

Bis zuletzt: Imperiale Maße am Fahrzeug

Für Werkstätten und Bastler ein Albtraum. Die Umstellung von imperialen Maßen bei Schrauben und Gewinden ist nie vollständig vollzogen worden. Bis zum letzten Modell des Defender haben sich imperiale Maße gehalten. Dabei waren es nicht einmal britische Maße die bereits früher von »Whitworth« (BWS) und »British Standard Fine« (BSF) auf die amerikanischen Maße UNC und UNF umgestellt wurden.

So finden sich UNC und UNF, insbesondere an den Differenzialen, beispielsweise die Gewindebohrungen an der Unterseite des Differenzialgehäuses und im Differenzial selbst. Auch die Schrauben der Kardanwellenflansche sind noch im imperialen Maß.

ONE TEN

Princess Anne besucht am 1. Mai 1984 das Land-Rover-Werk in Solihull und fährt dabei selbst einen Land Rover 110. (Foto: Getty Images)

Kapitel 6: 1983 - Die neue Generation betritt die Bühne

Endlich war es so weit. Der Nachfolger der Land Rover Serien wurde offiziell auf dem Genfer Autosalon vorgestellt. Zunächst nur die Long Wheel Base-Version, der ganz offiziell Land Rover One Ten hieß.
Nachdem die Serie-Modelle in der grundlegenden Technik nur kleine und moderate Änderungen über die Jahrzehnte erfahren haben, wenn man von der Einführung des Rover-V8-Benzinmotors bei der Serie 3 einmal absieht, gab es jetzt eine ganze Reihe von Veränderungen, von denen etliche bis zum letzten Modelljahr Bestand hatten.
Besaßen die Serien allesamt Blattfedern, gab es beim neuen Land Rover Stage Two, wie er intern bei Land Rover genannt wurde, nun ein dem Range Rover ähnliches Fahrwerkskonzept mit Schraubenfedern. Der permanente Allradantrieb kehrte mit sperrbarem Mitteldifferenzial zurück. Der zuschaltbare Allradantrieb wurde zwar

Kalenderjahr und Modelljahr

Um die folgenden Zeitangaben zu verstehen, ist das Verständnis von Kalenderjahr und Modelljahr wichtig. Als grobe Regel, die aber nicht immer zutrifft, gilt: Änderungen und Fahrzeuge, die ungefähr ab September/Oktober eines Kalenderjahres gebaut wurden, galten für das nächste Modelljahr. Das Modelljahr geht ungefähr von September bis August des folgenden Jahres.
Um beim Ersatzteilkauf nicht das falsche Teil zu bekommen, sollte daher nie das Erstzulassungsdatum verwendet werden, sondern immer die Fahrgestellnummer (VIN), die das Modelljahr enthält.
Die folgenden zeitlichen Angaben beziehen sich auf das Kalenderjahr, es sei denn es steht explizit Modelljahr dabei.

Im direkten Vergleich von Serie 3 Stage One 1986er Ninety V8 zeigen sich Unterschiede (etwa Windschutzscheiben) und Gemeinsamkeiten in der Formgebung.

weiterhin angeboten, entfiel aber kurze Zeit später. Die Vorderachse verzögerte jetzt mit Scheibenbremsen, hinten blieb es zunächst bei Trommelbremsen.
Der Serie 3 Stage One Kühlergrill aus den Prototypen ist einem schwarzen Kunststoffgrill mit waagerechten Lamellen gewichen, der fast nahtlos in schwarze Kunststoffblenden überging, die nun die Hauptscheinwerfer einfassten. Auf der schmalen Leiste zwischen Kühlergrill und Motorhaube prangte der Schriftzug »Land Rover 110«. Neben dem Schriftzug fand sich ein kleines Schloss, da es noch keine Motorhaubenentriegelung aus dem Innenraum gab. Es gibt keine geteilte Frontscheibe mehr.

Die zweigeteilte Frontscheibe

In der Tat wurde der Wechsel auf eine einteilige Frontscheibe von den Land-Rover-Fahrern nicht unbedingt begrüßt. Auch hier hingen viele an den praktischen Möglichkeiten der geteilten Frontscheibe. So konnte diese sehr leicht getauscht werden. Zur Not von der Beifahrer- auf die Fahrerseite.
Ursprünglich fanden sich geteilte Frontscheiben bei Pkw einfach aus dem Grund, dass große stabile Verbundglasscheiben nicht hergestellt werden konnten und optisch verzerrten. Erst ab den 1950er-Jahren war das möglich und schon wurden die großen einteiligen Panoramascheiben als Designmittel populär, die an der A-Säule um die Ecke liefen. In den 1960er-Jahren kam dann die Aerodynamik als weiterer Faktor hinzu, die bei einteiligen Scheiben besser ist als bei zweigeteilten mit Mittelsteg. Anfang der 1970er-Jahre wurde Verbundglas in Deutschland Pflicht, zehn Jahre später in der gesamten EU und Scheiben wurden als Teil der Statik bereits ein paar Jahre geklebt.
Land Rover hat auch in dem Bereich bei den Serie-Modellen allem bis 1984 widerstanden, und diese Bauart erst mit der Einführung der One Ten, Ninety und One Two Seven Modelle aufgegeben. Was bis zum letzten Modell in 2016 blieb, war die Einfassung in eine Gummidichtung. Beim Defender und seinen Vorgängern waren die Scheiben nie geklebt. Das hatte Vorteile, denn eine defekte Scheibe konnte nur mit einer Schnur und Seifenwasser selbst getauscht werden. Nachteilig hingegen waren die Versprödung und die darauf folgende Undichtigkeit.

Wie für Land Rover üblich wurden zahlreiche Karosserievarianten angeboten. Sie veränderten sich in Hinblick auf den Vorgänger auch nicht wesentlich. Es gab die kommerziellen Varianten mit Hardtop, nur mit erster Sitzreihe und im Heck ohne Seitenfenster. Die Pickups gab es in allen Längen und beim One Ten wahlweise als Single Cab mit einreihiger Truck-Cab-Kabine oder als Softtop. Kurz zuvor wurde bei der Serie 3 der High Capacity Pickup (HCPU) eingeführt, der eine breitere, abgesetzte Ladefläche und mehr Zuladung besaß. Ihn gab es jetzt als One Ten. HCPUs haben an der Ladewanne keine Kotflügelverbreiterung, die vorderen Kotflügelverbreiterung waren üblicherweise schwarz.
Die Station Wagon Varianten und das Top-Modell County Station Wagon wurden weitergeführt. Diese hatte von Beginn an eine Servolenkung, Radialreifen und die typischen waagerechten Dekorstreifen, die im unteren Drittel der Seite und über die hinteren Kotflügel verliefen.
Der One Ten County Station Wagon kam in Großbritannien mit zwölf Sitzplätzen auf den Markt, also drei Sitze jeweils in der ersten und zweiten Reihe und im Heck auf jeder Seite eine Sitzbank, quer zur Fahrrichtung, für je drei Personen. Dies war ein Trick, um eine zehnprozentige, zusätzliche Luxussteuer in Großbritannien zu umgehen, die bis 1992 auf Pkw mit bis zu elf Sitzplätzen erhoben wurde. In den übrigen Märkten wurden zehn Sitze angeboten. Zwei in Reihe eins, vier dahinter und vier weitere quer im Heck.

Land Rover One Ten County Station Wagon.

Der Land Rover 110 V8 als Pickup in unrestauriertem Orizinalzustand.. (Foto: Olivier Mischon/wikimedia commons)

Trotzdem, oder eher typischerweise, ist einiges im Vergleich zu den Serie-Modellen gleichgeblieben. Die Türen haben noch die versenkten Griffe mit dem Hebel, die Türscheiben sind noch vom Typ schiebbar und konnten noch nicht in den Türen versenkt werden. Die bestehenden Motoren und Getriebe wurden zunächst übernommen.
Beim One Ten wurde die Salisbury-Hinterachse zum Standard, mit Ausnahme einiger früher und schwach-motorisierter Modelle. Sie gilt als die robusteste Land-Rover-Achse. Allerdings auch als diejenige mit den größten Herausforderungen für den Mechaniker, wenn es um den Umbau und die Einstellung des Differenzials gilt.
Die Dämpfer an der Hinterachse der ersten One Ten wurden zunächst in unterschiedliche Richtungen eingebaut, so wie es beim Range Rover war. Der linke zeigte nach vorne, der rechte nach hinten. Bei den Ninety wurde das nie so gemacht und beim One Ten später geändert, sodass beide nach vorne zeigten. Dieses soge-

Die Salisbury-Hinterachse gilt bis heute als die robusteste Land-Rover-Achse. (Foto: Andreas Woithon)

Die Salisbury-Achse – Lizenznachbau der Dana 60

Die Achse hat ihren Namen von der Salisbury Transmission Ltd. Die Firma war eine britische Tochter des bekannten US-amerikanischen Achsenherstellers Dana, weshalb Design und einige Teile ähnlich oder gleich sind. Die Salisbury-Achse galt als nahezu unzerstörbar, das Beste an Achse, was jemals in einen Land Rover eingebaut wurde. Später wurde Salisbury Transmission LTD von GKN übernommen.

Die Salisbury-Achse ist eine Split-Case-Konstruktion, bei der anders als bei den Rover-Achsen das Differenzial nicht auf einem eigenen Träger sitzt. Bei der Rover-Achse wird das Differenzial von vorne mit seinem Träger entnommen. Es wird auf dem Träger montiert und eingestellt und dann einfach wieder eingesetzt. Anders bei der Salisbury-Achse. Dort wird der hintere Deckel abgenommen und das Differenzial sitzt in Lagern, die fest mit der Achse verbunden sind. Zum Aus- und Einbau muss dazu die Achse mit einem Spezialwerkzeug gespreizt werden. Das macht das Einstellen so aufwändig, da für jede Verstellung das Differenzial aus- und wieder eingebaut werden muss.

Ab 2002 während der Td5-Ära wurde die Salisbury-Achse nicht mehr verbaut. Sie wurde durch eine verstärkte Range-Rover-P38-Achse ersetzt, die auch im »Wolf«, der militärischen Version des Defender, verwendet wurde.

nannte »Shock Staggering« wurde typischerweise bei Blattfedern verwendet, um dem Trampeln der Achse entgegenzuwirken. Später wurde klar, dass diese Anordnung bei Schraubenfedern gar nicht nötig ist.

Mit der Einführung des One Ten gab es nun zwei Federungs-Optionen: »Levelled« und »Unlevelled«. Während Unlevelled quasi den Arbeitsvarianten mit höherer Zuladung entsprach, gab es für die Salisbury-Achse zusätzlich eine autarke Niveauregulierung, allerdings mit etwas weniger Zuladung. Das System war das Boge Hydromat und es wurde an der Hinterachse verbaut. Die Funktion basiert auf einem Dämpfer, der durch die Wippbewegungen während der Fahrt selbstständig Druck aufbaute und so das Fahrzeugheck wieder auf das ursprüngliche Niveau anhob. Für den Ninety wurde das System nicht angeboten, bei den One Ten County Station Wagon und Crew Cabs war es Standard. Mit dem späteren Wegfall der Salisbury-Achse entfiel der Boge Hydromat gänzlich.

Land Rover One Ten County Station Wagon in klassischer Ausführung.

Der V8-Motor aus dem Hause Rover gehört zu den wenigen konkurrenzfähigen britischen Antrieben seiner Zeit. Ab 1979 hielt er im Land Rover Einzug, hier unter der Haube eines One Ten. (Foto: Thomas Vogt /wikimedia commons, CC BY-SA 2.0)

Die Schraubenfedern waren auf der Fahrerseite etwas länger, um einen Schiefstand bei leerem Fahrzeug und nur dem Fahrer an Bord zu verhindern. Sie konnten durch eine Markierung unterschieden werden. Die vorderen Federn der Fahrerseite hatten zwei weiße, die der Beifahrerseite zwei gelbe Streifen. Hinten gab es einen roten, respektive einen roten und einen grünen Streifen. Hatte das Fahrzeug den Boge Hydromat, gab es auch andere Federn im Heck. Die Fahrerseite war mit einem oder zwei blauen, die Beifahrerseite mit einem grünen oder einem grünen und einem weißen Streifen gekennzeichnet.

Bereits im ersten Jahr gab es kleinere Änderungen, die die hinteren Dämpferaufnahmen betrafen.
Noch im selben Jahr kam ein drittes Modell auf den Markt, das bis zur Einführung des Defenders auf verlängerten One Ten Rahmen basierte. Es hatte eine Doppelkabine und ein Pickup Truck-Bed, ähnlich dem des One Ten HCPU, nur etwas kürzer. Ursprünglich sollten es One Ten Crew Cab heißen, Land Rover entschied jedoch ein eigenes Modell mit eigener Bezeichnung daraus zu machen: Der One Two Seven mit 127" Achsabstand war geboren. Später etablierte sich der Name Crew Cab dann doch am Markt, wohingegen sich für den One Ten Pickup der Begriff Double Cab einbürgerte.

Sie basierten auf One Ten Modellen, die aus der Produktion genommen und in einem manuellen Prozess durch die SVO-Abteilung (Special Vehicle Operations) verlängert wurden. Der One Two Seven galt als das Auto für das Handwerk und Gewerbe. Seitens Land Rover wurde er entweder als leeres Chassis mit zwei- oder viertürigem Fahrerhaus abgegeben oder als Viertürer mit Pickup-Ladefläche. Diese Chassis waren auch bei Fahrzeugbauern sehr beliebt und gingen oft in den Rettungsdienst oder zu Feuerwehren. Eine begrenzte Menge ging auch an das britische und das amerikanische Militär in Großbritannien, wo sie als Träger für das Rapier-Raketensystem Verwendung fand.

Ein Land Rover Ninety in einer frühen Ausführung, noch mit alten Türgriffen und ohne Schiebefenster.

Dieser One Ten verfügt bereits über absenkbare Scheiben, besitzt aber noch die alten Türgriffe. (Foto: Andreas Woithon)

Motoren und Antriebsstrang

Die neuen Modelle gingen zunächst mit den bestehenden Motoren an den Start. Wie oft bei Land Rover wurde zuerst in das Regal gegriffen und genutzt was schon da war. So bekamen die ersten Modelle die 2,25-Liter-Benzin- und Dieselmotoren eingepflanzt. Dazu gab es weiterhin den 3,5-Liter-Rover-V8.

1984

Ein Jahr später, im Juni 1984, folgte der Ninety. Durch die spätere Markteinführung des Ninety ergab es sich, dass es ihn nie mit dem 2,3-Liter-Diesel und zuschaltbarem Allradantrieb und auch nie mit Schiebefenstern gab. Die Ninetys Station Wagon waren Siebensitzer, mit drei Sitzen in der ersten Reihe und vier Quersitze im Heck. Das Top-Modell County Station Wagon war mit sechs Sitzplätzen bestückt, da sich zwischen Fahrer und Beifahrer die berühmt-berüchtigte Cubby Box befand – eine Holzkiste, die eher an das nächtliche Ergebnis eines Hobbyschreiners erinnert, der bei Stromausfall etwas zusammengespaxt hat. Sie blieb uns bis zum allerletzten Modell erhalten.

Wir üblich wurden auch leere Chassis an Fahrzeugbauer abgegeben, die dann zahlreiche Varianten, wie Steiger, Ambulanzen, Werkstattfahrzeuge usw. anboten.

Im selben Jahr fielen auch die zweiteiligen Türen mit den Schiebefenstern weg. Ab jetzt gab es einteilige Türen mit versenkbaren Scheiben. An der Seite prangte jetzt bei den County Station Wagon-Modellen der Schriftzug »County« im Dekorstreifen.

Motoren und Antriebsstrang

Ab diesem Modelljahr 1984 stieg der Hubraum zuerst beim Diesel auf 2,5 Liter. Der Dieselmotor war ein Saugdiesel und wurde deshalb 2.5 NA genannt. »NA« steht für »naturally aspirated«, was bedeutet, dass er die Luft zur Verbrennung ansaugte und nicht mittels eines Turbos zwangsbeatmet wurde. Es wurden verschiedene Dichtungen verändert, um der Ölundichtigkeiten Herr zu werden, die auch beim Benziner Anwendung fanden. Zuletzt wurde der hintere Kurbelwellendichtring geändert

Die als 2,25-Liter bekannten Benzin- und Dieselmotoren hatten von nun an fünf statt drei Kurbelwellenlager. Sie wurden zur Unterscheidung nun 2,3-Liter genannt, obwohl sich der Hubraum nicht geändert hatte. Ihr Zylinderblock wurde rot lackiert, wohingegen die 2,25-Liter-Motoren einen grauen Block besaßen. Die Leistung stieg von 60 PS auf 75 PS. Der bisher verwendete Ölbad-Luftfilter wurde durch einen mit Papierfilterelement ersetzt. Anstatt des bisherigen Zenith-Vergasers fand sich nun ein Weber-Vergaser unter der Motorhaube, der durch eine andere Schwimmerkammer im Gelände betriebssicherer war.

Während bei den 2,3-Liter-Benzin- und Dieselmodellen noch die Auswahl zwischen dem LT76-Viergang-Schaltgetriebe mit zuschaltbarem Allradantrieb und dem LT77-Fünfgang-Schaltgetriebe mit angeflanschtem LT230-Verteilergetriebe und permanentem Allradantrieb, Mitteldifferenzial und Mittelsperre bestand, hatten die 2,5-Liter- und V8-Modelle permanenten Allradantrieb. Beim LT76 ließen sich Schalt- und Untersetzungseinheit voneinander trennen, aber der Untersetzungsteil hatte nie eine eigene Bezeichnung.

Fahrzeuge mit dem Rover-V8-Motor waren von 1983 bis 1985 mit dem LT95-Vierganggetriebe mit integriertem Verteilergetriebe ausgestattet. Solange Öl im Getriebe war, galt es als unzerstörbar. Es war eine Rover-Eigenkonstruktion und fand seinen Einsatz auch im Range Rover Classic und im 101 Forward Control.

Die Bezeichnung »LT« der Getriebe bedeutet »Leyland Transmission« und gibt den Abstand der Haupt- und Vorgelegewelle an, z.B. beim LT77: 77 mm. Aus dieser Zahl kann grob ein Rückschluss auf die Belastbarkeit des Getriebes gezogen werden, da sie im Verhältnis zu der Größe der Zahnräder steht.

1985

Im Folgejahr wurde, um die Erscheinung des beliebten Station Wagon frisch zu halten, das seitliche Dekor durch eines in Hockeyschlägerform ersetzt und die Kotflügelverbreiterungen waren jetzt immer in Wagenfarbe lackiert.

Es gab einen neuen gehärteten Panhardstab mit neuen Buchsen. Die vorherige Version erwies sich als verschleißanfällig.

Das Modelljahr 1985 des Ninety bekam erstmalig bereits Anfang des Jahres den Rover-V8 mit 3,5-Liter-Hubraum verpasst, der nun

Ab 1985 gab es Zierlinien in Hockeyschlägerform, hier an einem One Ten.

Illustration des Rover-V8-Benzinmotors in einem Land Rover.

136 PS anstatt 116 PS lieferte. Es war der erste V8 in einem Land Rover mit kurzem Achsabstand, der als Serienfahrzeug produziert wurde und die Kunden verlangten dringend danach.

Motoren und Antriebsstrang

Der Hubraum wurde auch beim Benziner auf 2,5 Liter erhöht. Damit gab es keine 2,3-Liter-Motoren mehr. Während der Zylinderdurchmesser blieb, wurde der Hub von 88,9 auf 97 Millimeter erhöht. Das Drehmoment stieg von 163 auf 180 Nm. Die letzten in 1985 noch gebauten 2,3-Liter-Benziner erhielten noch einen neuen Typ Wellendichtring an der Kurbelwelle hinten, der vorher bereits in die Dieselmotoren übernommen wurde.

Beim 2,5-Liter-Diesel wurden die GKN-Kolben durch welche von Hepworth and Grandage ersetzt, was auch eine Änderung der Ölspritzdüsen für die dieseltypische Kolbenbodenkühlung erforderte.

Das ständige Bestreben Undichtigkeiten zu beseitigen, führte zum Wechsel von Papierdichtungen an der Ölwanne zu Hylosil RTV Dichtmasse. RTV steht dabei für »Room Temperatue Vulcanizing«. Eine Dichtmasse die bei Raumtemperatur aushärtet.

Der zuschaltbare Allradantrieb entfiel, ab nun sollte es nur noch permanenten Allradantrieb mit sperrbarem Mitteldifferential geben.

Die RTV Dichtmasse wurde auch beim V8 eingeführt. Ebenso erhielten die Zylinderkopfschrauben eine Gewindedichtmasse (Loctite 572) um die Dichtigkeit zu verbessern.

1986

Es gab es neue hintere Stoßdämpfer. Die Dämpferrohre wurden stabiler, da sie sich als anfällig für Steinschlag erwiesen hatten. Zusätzlich wurden die Lagergummis für die Dämpfer verbessert.

Motoren und Antriebsstrang

Der 2,5-Liter-Benziner erhielt ein widerstandsfähigeres Diaphragma im Vergaser. Der 2,5-Liter-Diesel bekam erneut neue Kolben. Die Hepworth and Grandage Typ M2 wurden durch den Typ M10 ersetzt. Damit sollte der hohe Ölverbrauch reduziert werden.

Wurde der Begriff »leistungsstark« eher nicht in einem Satz mit Land Rover Motoren verwendet, so galten sie doch als sehr zuverlässig. Land Rover erkannte, dass dem Kunden zudem mehr Leistung geboten werden musste. Die Konkurrenz rückte bedrohlich nah heran, allen voran Toyota.

Für das Modelljahr 1987 entschied Land Rover, auf den Dieselmotor einen Turbolader zu montieren. Die Fahrzeuge bekamen im Heck prominent den Aufkleber »Turbo« verpasst. Eine Maßnahme, vor der Land Rover seine Händler immer gewarnt hatte. Sie sollten auf keinen Fall einen Turbo nachrüsten.

Neben der Leistung und dem Drehmoment, die sich von 67 PS auf 85 PS respektive von 180 Nm auf 203 Nm erhöhten, stieg auch die Anzahl an Problemen:

Da Motorblock, Kurbelwelle, Lager und Zylinderkopf nicht für einen Turbolader konzipiert waren, entstanden trotz einer Überarbeitung des Blocks, der Ölversorgung und der Kurbelgehäuseentlüftung neue Schwierigkeiten. Insbesondere beim Zylinderkopf: Risse und Überhitzung sind oft aufgetreten, es gab viele Ölleckagen. Letztendlich erwies sich dieser Motor als Fehlschlag und kostete Land Rover viel Reputation.

Den Versuch, bestehende Motoren mit Turboladern aufzuwerten, wagten einige Hersteller, z.B. GM (V8 LF9), VW (Golf 1&2 1,6L TD) Mercedes-Benz (OM 603) und BMW (M21), um nur einige zu nennen. Sie alle versuchten Motoren, die nicht für Turbolader ausgelegt waren, aufzuladen. Es folgte ein für die späten 1970er- und 1980er-Jahre typischer Lernprozess.

Eine größere Änderung gab es für das Modelljahr 1987. Die bisher verwendeten Stromberg-Zenith-Vergaser mussten dem Skinners Union SU HIF44 Vergaser weichen.

Der Zenith-Vergaser war eine britische Entwicklung, wie der SU auch. Da Zenith den Namen des US-Vergaserherstellers Stromberg kaufte, um dessen Reputation gegen SU zu nutzen, fanden sich oft beide Namen auf den Vergasern. Durch diese Maßnahme erfuhr der Motor eine Leistungssteigerung von 116 PS auf 136 PS. Das Drehmoment stieg um sagenhafte 3 auf 254 Nm. Es wurden neue Hydrostößel eingeführt, gekennzeichnet durch drei Rillen.

Die Fahrzeuge mit V8-Motor wurden nun mit dem kleineren LT85-Fünfgang-Schaltgetriebe und angeflanschtem LT230-Verteilergetriebe ausgeliefert. Das LT85 ist auch als Santana-Getriebe bekannt, denn es kam ursprünglich nicht von Land Rover, sondern wurde vom Lizenzbauer Santana in Spanien entwickelt. Es basierte auf einem Chrysler-Getriebe, das von Santana insbesondere für Militärkunden, verstärkt wurde. Das LT85 kam auch in den australischen Land Rovern zum Einsatz, die für das dortige Militär auf die 3,9-Liter-Isuzu-4BD1-Saugdiesel umgerüstet wurden. Es fand sich auch im 6x6 Land Rover Perentie des Militärs.

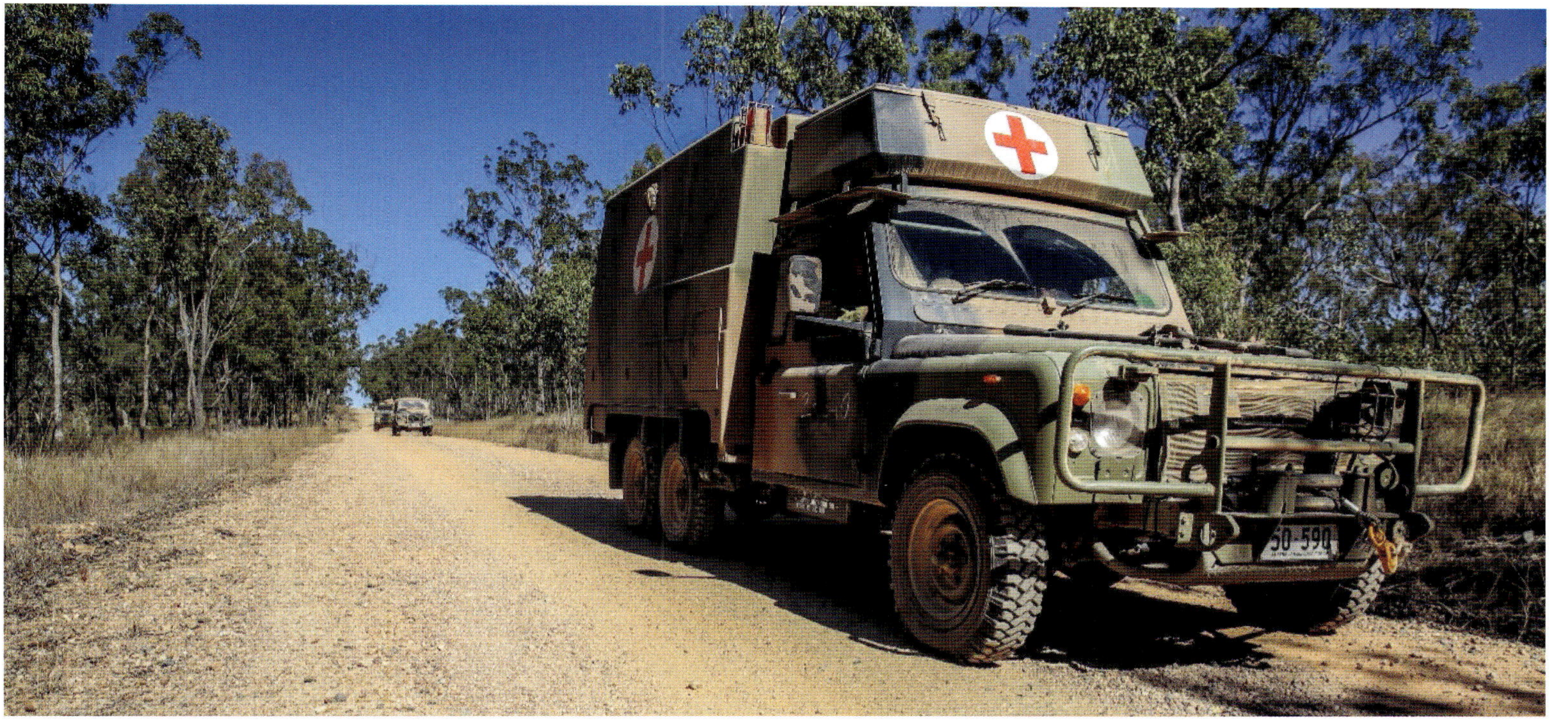

Land Rover 6x6 Perentie des Australischen Militärs. Diese Fahrzeuge wurden mit 3,9-Liter-4BD1-Saugdieselmotoren von Isuzu ausgestattet. (Foto: Darwin Cpl. Scott Reel, U.S. Marine Corps Marine Rotational Force /wikimedia commons).

Ein Getriebe, zwei Varianten

Das LT85 gibt es in zwei Varianten. Die eine trägt die Bezeichnung 22C und besteht aus zwei Gehäuseteilen, das 20C »Lightweight« aus einem Gehäuse und ist immer noch sehr massiv gebaut. Es wurde später durch das R380 von Land Rover ersetzt, da die Getriebe vereinheitlicht werden sollten. So passt das R380 an den späteren Tdi-Motor und den V8. Ob in einem V8-Land-Rover ein LT85 eingebaut ist, erkennt man an der Lage des Rückwärtsgangs. Er liegt dann unten rechts.

1987

Aus den verzinkten Stahlstoßstangen wurden schwarz lackierte. Der versenkbare Türgriff wurde ab Ende 1986 durch die herausstehenden Plastiktürgriffe mit Knopf ersetzt, so wie sie bis zum Produktionsende blieben. Erstmalig wurden ein Sonnendach und ein in Wagenfarbe lackierter Kühlergrill und Scheinwerferblenden angeboten.

Im Zuge der Bestrebungen, die Modelle attraktiv zu halten, bekamen ab Modelljahr 1988 alle Ninety Modelle, auch die kommerziellen Varianten, ebenfalls die seitlichen Dekore. Der Boge Hydromat entfiel als Standard bei den Station Wagon und musste nun aufpreispflichtig bezogen werden.

Softtops wurden vornehmlich vom Militär genutzt. Das Spaßpotential eines solchen Verdecks wurde allerdings erkannt und 1987 wurde das Konzeptauto Cariba auf Basis eines Ninety Softtop mit dem Rover-V8 und Ledersitzen aus dem Range Rover erdacht. Es wurden zwei Prototypen gebaut. Der Cariba wurde sogar der Presse vorgestellt, die enthusiastisch reagierte.

Allerdings sah sich Land Rover nicht in der Lage, Ressourcen für das Fahrzeug bereit zu stellen, weshalb es bei den Prototypen blieb.

1987 wurden schwarz lackierte Stoßstangen eingeführt. Auch die Fahrzeuge der Queen entsprachen diesem Standard.

Das Konzept wurde später wiederbelebt und ebnete den Weg für das Defender Sondermodell 90SV und den Defender 90 NAS für den US-Markt.

Motoren und Antriebsstrang

Der 2,5-Turbo bekam einige Verbesserungen verpasst, um die Zuverlässigkeit zu verbessern. Etwas ungewöhnlich war wohl die Empfehlung selbst Hand anzulegen und ein zusätzliches 3-mm-Loch an der höchsten Stelle des Thermostatflanschs zu bohren. Ohne das Loch konnte sich im Thermostat eine Luftblase festsetzen. Dadurch schmolz das Wachs nicht rechtzeitig, da es nicht in Kontakt mit dem Kühlwasser kam. Es öffnete viel zu spät dem Kühlwasser den Weg zum Kühler. Der Motor fing in Folge zu an zu kochen und zu überhitzen. Durch das Loch konnte immer eine kleine Menge Wasser das Wachselement erreichen, wodurch es nun früher öffnete. Zudem verringerte es die Gefahr von Dampfpolstern im Zylinderkopf, die ihrerseits dort zu Rissen führten. Dieses kleine Loch war dann bei den späteren Tdi-Motoren werksseitig vorhanden.

Vom Konzeptfahrzeug Cariba entstanden nur zwei Prototypen.

Thermostat mit kleiner Durchflussöffnung. (Foto: Andreas Woithon)

1988

Ab 1988 gab es ein neues Gelenk für den A-Frame. Dieser verbindet den Rahmen des Fahrzeugs mit der Oberseite der Hinterachse und ist ein Teil der Achsführung. Er verhindert, dass die Achse sich um sich selbst dreht und hält sie zusammen mit den hinteren, rohrförmigen Längslenkern am Platz. Das Gelenk, dass den A-Frame mit der Achse verbindet, sitzt mittig und erlaubt der Achse so frei auf und ab zu pendeln.

Motoren und Antriebsstrang

Der 2,5-Turbo erfuhr weitere Änderungen, er produzierte ja auch weiterhin Probleme. Die Befestigung des Turbo-Hitzeschilds wurde verbessert. Es zeigte sich auch ein erhebliches und gefürchtetes Problem bei Dieselmotoren: Wenn dieser anfängt Öl anzusaugen, kann er nur noch durch Abwürgen oder den Stopp der Luftzufuhr abgestellt werden. Er verbrennt dann anstatt des Diesels sein eigenes Öl als Kraftstoff. In dem Fall dreht er unkontrolliert hoch und läuft so lange bis kein Öl mehr vorhanden ist oder er an anderer Stelle einen schweren Schaden erleidet. Auch der 2,5-Turbo litt darunter.
Daher wurde zum einen die Wartungsanzeige des Luftfilters verbessert und zum anderen wurde die Kurbelgehäuseentlüftung geändert. Der Schlauch der Kurbelgehäuseentlüftung ging nun nicht mehr direkt zu dem Entlüftungsdeckel (der kürzere Weg zum Turbo), sondern endete im Ventildeckelgehäuse. So sollte die Gefahr, dass Öl den Luftfilter zusetzt und in Folge Öl angesaugt wird, reduziert werden.

1989

Mitte 1989 entfiel beim Motorhaubenschriftzug das »Land Rover«, es zeigte jetzt nunmehr nur noch die Zahl »90«, »110« oder »127«. Ab Mitte des Jahres wurden sukzessive alle Fahrwerksgummibuchsen durch ein neues Material (Dunlop Metalastic) ersetzt.

Motoren und Antriebsstrang

In diesem Jahr erfuhr der 2,5-Liter-Turbo keine Verbesserung, sondern er erhielt nur einen Temperatursensor mit metrischem Gewinde. Land Rover war nun schon einige Zeit im Gange von den imperialistischen Maßen wegzukommen und auf metrische Maße umzustellen.

1990

Kurz vor Ende des 2,5-Liter-Turbo gab es dann noch kleine Änderungen. Da der Motorblock auch als Basis für den kommenden neuen Turbomotor 200 Tdi vorgesehen war, wurden einige Dinge bereits an die neuen Teile angepasst. So wurde die Bohrung für die Vakuumpumpe vergrößert. Später kam dann noch der neue grüne Wellendichtring am hinteren Kurbelwellenausgang.

Das erste Kapitel der Stage Two Land Rover geht zu Ende

Die ersten Jahre, bevor der Name Defender kam, haben sicherlich die meisten Änderungen und Varianten gesehen. Zu Anfangs gab es die größte Auswahl an Motoren und Optionen, sicherlich weil viel aus der Serie 3 übernommen wurde und gleichzeitig Neuentwicklungen stattfanden. Zusätzlich gab es zahlreiche Verbesserungen, die aus den neuen Erfahrungen erwachsen sind. In den folgenden Jahrzehnten wurde die Vielfalt kleiner, die Änderungen weniger. Ab der Td5-Ära gab es im Grunde, abgesehen von Sondermodellen und einigen Exemplaren für Exportmärkte, nur noch einen Motor, ein Getriebe und ein Untersetzungsgetriebe.

Turbulente Zeiten – Besitzerwechsel Ende der 1980er-Jahre

Der britischen Automobilindustrie ging es Ende der 1980er-Jahre weiterhin nicht gut. Seit 1975 stand auch British Leyland, der Produzent des Land Rover, unter staatlicher Verwaltung. Zunehmende Sorgen führten zu dem Plan, British Leyland als Ganzes oder in Teilen zu verkaufen. Für die Land Rover Produktion interessierten sich sowohl General Motors (GM) als auch Ford. Das führte zu einer Welle der Empörung bei den stolzen Briten, die ihren Land Rover als urbritisch ansahen und so etwas durfte nicht verkauft werden. Das Vorhaben war am Ende so unpopulär, dass die Regierung unter Margaret Thatcher tatsächlich davon Abstand nahm. In British Aerospace wurde dann ein williger Käufer gefunden.

Die einzelnen Modelle 1983 bis 1990

One Ten

1983-1984	
Motor	V8 Benzin, 3.528 cm³, 116 PS 4.000 Umin⁻¹, 250 Nm 2.500 Umin⁻¹
Getriebe	Viergang-Schaltgetriebe, vollsynchronisiert
Allrad	Verteilergetriebe mit Untersetzung, permanentem Allrad und sperrbarem Mitteldifferenzial
Achsabstand	2.794 mm
Länge	4.580 mm
Breite	1.791 mm

1983-1985	
Motor	R4 Benzin, 2.286 cm³, 75 PS 4.000 Umin⁻¹, 140 Nm 1.800 Umin⁻¹
Getriebe	Fünfgang-Schaltgetriebe, vollsynchronisiert
Allrad	Verteilergetriebe mit Untersetzung, zuschaltbarem Allrad
Achsabstand	2.794 mm
Länge	4.580 mm
Breite	1.791 mm

1983-1984	
Motor	R4 Diesel, 2.286 cm³, 61 PS 4.000 Umin⁻¹, 140 Nm 1.800 Umin⁻¹
Getriebe	Fünfgang-Schaltgetriebe, vollsynchronisiert
Allrad	Verteilergetriebe mit Untersetzung, permanentem Allrad und sperrbarem Mitteldifferenzial
Achsabstand	2.794 mm
Länge	4.580 mm
Breite	1.791 mm

1983-1985	
Motor	R4 Benzin, 2.286 cm³, 75 PS 4.000 Umin⁻¹, 140 Nm 1.800 Umin⁻¹
Getriebe	Fünfgang-Schaltgetriebe, vollsynchronisiert
Allrad	Verteilergetriebe mit Untersetzung, permanentem Allrad und sperrbarem Mitteldifferenzial
Achsabstand	2.794 mm
Länge	4.580 mm
Breite	1.791 mm

1983-1984	
Motor	R4 Diesel, 2.286 cm³, 61 PS 4.000 Umin⁻¹, 163 Nm 2.000 Umin⁻¹
Getriebe	Fünfgang-Schaltgetriebe, vollsynchronisiert
Allrad	Verteilergetriebe mit Untersetzung, zuschaltbarem Allrad
Achsabstand	2.794 mm
Länge	4.580 mm
Breite	1.791 mm

1984-1990	
Motor	R4 Diesel, 2.495 cm³, 68 PS 4.000 Umin⁻¹, 155 Nm 1.800 Umin⁻¹
Getriebe	Fünfgang-Schaltgetriebe, vollsynchronisiert
Allrad	Verteilergetriebe mit Untersetzung, permanentem Allrad und sperrbarem Mitteldifferenzial
Achsabstand	2.794 mm
Länge	4.580 mm
Breite	1.791 mm

1985-1990	
Motor	V8 Benzin, 3.528 cm^3, 136 PS 4.000 $Umin^{-1}$, 254 Nm 2.500 $Umin^{-1}$
Getriebe	Viergang-Schaltgetriebe, vollsynchronisiert
Allrad	Verteilergetriebe mit Untersetzung, permanentem Allrad und sperrbarem Mitteldifferenzial
Achsabstand	2.794 mm
Länge	4.580 mm
Breite	1.791 mm

1985-1990	
Motor	R4 Benzin, 2.495 cm^3, 84 PS 4.000 $Umin^{-1}$, 180 Nm 2.00 $Umin^{-1}$
Getriebe	Fünfgang-Schaltgetriebe, vollsynchronisiert
Allrad	Verteilergetriebe mit Untersetzung, permanentem Allrad und sperrbarem Mitteldifferenzial
Achsabstand	2.794 mm
Länge	4.580 mm
Breite	1.791 mm

1987-1990	
Motor	R4 Turbo-Diesel, 2.495 cm^3, 86 PS 4.000 $Umin^{-1}$, 203 Nm 1.800 $Umin^{-1}$
Getriebe	Fünfgang-Schaltgetriebe, vollsynchronisiert
Allrad	Verteilergetriebe mit Untersetzung, permanentem Allrad und sperrbarem Mitteldifferenzial
Achsabstand	2.794 mm
Länge	4.580 mm
Breite	1.791 mm

Ninety

1984-1985	
Motor	R4 Benzin, 2.286 cm^3, 75 PS 4.000 $Umin^{-1}$, 163 Nm 2.000 $Umin^{-1}$
Getriebe	Fünfgang-Schaltgetriebe, vollsynchronisiert
Allrad	Verteilergetriebe mit Untersetzung, permanentem Allrad und sperrbarem Mitteldifferenzial
Achsabstand	2.360 mm
Länge	3.721 mm
Breite	1.791 mm

1984-1990	
Motor	R4 Diesel, 2.495 cm^3, 68 PS 4.000 $Umin^{-1}$, 155 Nm 1.800 $Umin^{-1}$
Getriebe	Fünfgang-Schaltgetriebe, vollsynchronisiert
Allrad	Verteilergetriebe mit Untersetzung, permanentem Allrad und sperrbarem Mitteldifferenzial
Achsabstand	2.360 mm
Länge	3.721 mm
Breite	1.791 mm

1985-1990	
Motor	R4 Benzin, 2.495 cm^3, 84 PS 4.000 $Umin^{-1}$, 180 Nm 2.00 $Umin^{-1}$
Getriebe	Fünfgang-Schaltgetriebe, vollsynchronisiert
Allrad	Verteilergetriebe mit Untersetzung, permanentem Allrad und sperrbarem Mitteldifferenzial
Achsabstand	2.360 mm
Länge	3.721 mm
Breite	1.791 mm

1987-1990	
Motor	R4 Turbo-Diesel, 2.495 cm³, 86 PS 4.000 Umin^{-1}, 203 Nm 1.800 Umin^{-1}
Getriebe	Fünfgang-Schaltgetriebe, vollsynchronisiert
Allrad	Verteilergetriebe mit Untersetzung, permanentem Allrad und sperrbarem Mitteldifferenzial
Achsabstand	2.360 mm
Länge	3.721 mm
Breite	1.791 mm

One Two Seven

1983-1984	
Motor	V8 Benzin, 3.528 cm³, 116 PS 4.000 Umin^{-1}, 250 Nm 2.500 Umin^{-1}
Getriebe	Viergang-Schaltgetriebe, vollsynchronisiert
Allrad	Verteilergetriebe mit Untersetzung, permanentem Allrad und sperrbarem Mitteldifferenzial
Achsabstand	3.226 mm
Länge	5.029 mm
Breite	1.791 mm

1983-1990	
Motor	R4 Diesel, 2.495 cm³, 68 PS 4.000 Umin^{-1}, 155 Nm 1.800 Umin^{-1}
Getriebe	Fünfgang-Schaltgetriebe, vollsynchronisiert
Allrad	Verteilergetriebe mit Untersetzung, permanentem Allrad und sperrbarem Mitteldifferenzial
Achsabstand	3.226 mm
Länge	5.029 mm
Breite	1.791 mm

1983-1985	
Motor	R4 Benzin, 2.286 cm³, 75 PS 4.000 Umin^{-1}, 163 Nm 2.000 Umin^{-1}
Getriebe	Fünfgang-Schaltgetriebe, vollsynchronisiert
Allrad	Verteilergetriebe mit Untersetzung, permanentem Allrad und sperrbarem Mitteldifferenzial
Achsabstand	3.226 mm
Länge	5.029 mm
Breite	1.791 mm

1985-1990	
Motor	V8 Benzin, 3.528 cm³, 136 PS 4.000 Umin^{-1}, 254 Nm 2.500 Umin^{-1}
Getriebe	Fünfgang-Schaltgetriebe, vollsynchronisiert
Allrad	Verteilergetriebe mit Untersetzung, permanentem Allrad und sperrbarem Mitteldifferenzial
Achsabstand	3.226 mm
Länge	5.029 mm
Breite	1.791 mm

1985-1990	
Motor	R4 Benzin, 2.495 cm^3, 84 PS 4.000 $Umin^{-1}$, 180 Nm 2.000 $Umin^{-1}$
Getriebe	Fünfgang-Schaltgetriebe, vollsynchronisiert
Allrad	Verteilergetriebe mit Untersetzung, permanentem Allrad und sperrbarem Mitteldifferenzial
Achsabstand	3.226 mm
Länge	5.029 mm
Breite	1.791 mm

1987-1990	
Motor	R4 Turbo-Diesel, 2.495 cm^3, 86 PS 4.000 $Umin^{-1}$, 203 Nm 1.800 $Umin^{-1}$
Getriebe	Fünfgang-Schaltgetriebe, vollsynchronisiert
Allrad	Verteilergetriebe mit Untersetzung, permanentem Allrad und sperrbarem Mitteldifferenzial
Achsabstand	3.226 mm
Länge	5.029 mm
Breite	1.791 mm

Dieser Defender gehörte zum Fuhrpark von Lancia, er diente als Teamfahrzeug bei der Safari-Rallye 1991.

LAND ROVER
986 LRJ

Kapitel 7: 1990 - Aus dem Land Rover wird der Defender

Land Rover wollte die Lücke zwischen dem High-End-Modell Range Rover und den Arbeitspferden One Ten, Ninety und One Two Seven schließen. Diese Aufgabe fiel der neuen dritten Modellreihe Discovery ab 1989 zu. Es wurde langsam unübersichtlich. Jetzt gab es die Marke Land Rover mit der gleichnamigen Modellreihe und dazu den Range Rover und zukünftig den Discovery. Es musste ein Name für die ursprüngliche Modellreihe her.

Um zu verstehen, warum das so war, müssen wir etwas zurück in die Geschichte Land Rovers schauen. Das erste Modell war schlichtweg der Land Rover aus dem Hause Rover. Ab 1978 wurde aus dem Fahrzeug Land Rover eine eigene Marke innerhalb von British Leyland. Nach wie vor gab es nur zwei Modellreihen: Den Land Rover in der dritten Generation (Serie III) und den Range Rover, heute Range Rover Classic. Das war noch überschaubar und dem Markt vermittelbar. Dann wurde die dritte Generation des Land Rover zu den Modellen One Ten, Ninety und One Two Seven weiterentwickelt. Der Name »Serie« wurde nur noch für die ersten drei Generationen verwendet und nun stand zudem die dritte Modellreihe in den Startlöchern, die Discovery heißen sollte. Sagte nun jemand, dass er einen Land Rover fährt, war nicht mehr klar, welches Auto er meinte, da Land Rover nun Marken- und Modellname war.

Um Verwirrungen vorzubeugen, wurde der Markennamen von einer reinen Modellbezeichnung getrennt. So wurden weitere Modellreihen möglich, wie der später folgende Freelander. Deshalb wurde entschieden, der Fortentwicklung des Urmodells ebenfalls einen eigenen Namen, eine eigene Reihe zu geben. Unter dem Projektnamen Titan wurden diese neuen Modelle entwickelt und der Name Defender wurde geboren. Das Marketing wollte damit die Stärke und Robustheit als auch die militärische Tradition des Fahrzeugs zum Ausdruck bringen.

Land Rover bot nun drei Fahrzeugreihen an, die namentlich klar zu unterscheiden waren: Defender, Discovery und Range Rover. In Zukunft sollten weitere Modellreihen folgen. Fortan trugen die Defender diesen Schriftzug unterhalb der Motorhaubenkante.

Die ehemaligen Modellvarianten Ninety, One Ten und One Two Seven wurden zu Defender 90, 110 und 130.

Interessanterweise befürchtete Land Rover, die Verkäufe des gerade gestarteten Discovery zu schmälern, wenn das Defender 90 Topmodel County Wagon angeboten werden würde. So gab es in den ersten drei Jahren diese Variante in Großbritannien und einigen weiteren Ländern nicht zu kaufen.

Offroad als Lifestyle

Mit dem neuen Namen Defender wurde auch verstärkt die Positionierung im Markt angepasst. Land Rover legte nun mehr Wert auf die Station Wagon Modelle, also diejenigen mit Sitzplätzen. Das Fahrzeug sollte mehr als Familien- und Freizeitauto platziert werden, weg vom reinen Nutzfahrzeugcharakter.

Das fügte sich besser mit den anderen Modellreihen zusammen, die alle eher als Allrad-Pkw mit mehr Komfort, denn als Nutzfahrzeug galten. Obwohl alle Modelle immer auch einen großen Nutzwert hatten, beispielsweise als Zugfahrzeug. Dies ist sogar beim Luxus-Modell Range Rover immer Teil der DNA gewesen und das fand seinen Weg auch so in die Werbung.

Diese neue Ausrichtung wurde immer wieder mit Sondermodellen flankiert, die von der hauseigenen SVO (Special Vehicle Organization), später LRSV (Land Rover Special Vehicles), gebaut wurden.

Weitere Änderungen, die mit dem neuen Namen 1990 eingeführt wurden, waren Innenraumleuchten, die mit den Türen gekoppelt waren. Die spaßige Cubby-Box zwischen Fahrer und Beifahrer wurde Standard und der dritte Sitz entfiel. Die vorderen Sitze wurden etwas nach hinten gesetzt, um mehr Beinfreiheit zu geben. Der Defender 110 bot elf Sitzplätze.

Die Ära der Tdis beginnt

Im Wesentlichen ist die Zeit des Defenders durch die unterschiedlichen Motoren und dem Wandel zum Life-Style-Offroader geprägt. Die 1990er-Jahre sahen in Europa weiterhin einen Boom für diese Art von Fahrzeugen.
Mit Einführung des 200Tdi-Motors in 1990 erhielten alle Tdi-Modelle zur Kennzeichnung einen silbernen Schriftzug »Tdi« auf dem Kotflügel, vor den vorderen Türen, die Luftansaugung lag links im Kotflügel.
Noch eine weitere wichtige Änderung hat es in diesem Jahr gegeben: Wurde ein One Two Seven bisher aus einem One Ten gebaut, der verlängert wurde, erhielt das Modell nicht nur den neuen Namen »Defender 130«, sondern auch einen eigenen Leiterrahmen. Der neue Name passte besser in die Modellreihe mit ihren glatten Zahlen und jeweils 20″ Unterschied. Der 130er wurde weiterhin auf dem in U-Form verlaufenden Band in Solihull gefertigt, aber es wurden keine 110er-Rahmen mehr zerschnitten und verlängert.

Motoren und Antriebsstrang

Mit dem neuen Namen Defender hielt der mit Hilfe der österreichischen Dieselschmiede AVL neu entwickelte Turbodiesel 200Tdi Einzug in das Fahrzeug. Das war bitter nötig und ersehnt. Der 200Tdi war, anders als der anfällige 2,5-Liter-Turbo, von vornherein als Turbomotor konzipiert und er machte sich über die Jahre einen guten Namen. Er galt als leistungsarm, aber zuverlässig.
Bis auf die nach Kundenwunsch gefertigten V8-Modelle waren alle Defender nun 200Tdi-Turbodiesel. Für eine kurze Zeit waren, ebenfalls auf Kundenwunsch, noch die alten 2,5-NA-Diesel und -Benziner zu haben.
Das Standardgetriebe am 200Tdi war das Fünfgang-Schaltgetriebe LT77. Als Verteilergetriebe wurde weiterhin das LT230 verwendet.

1991

Ein Jahr nach der Einführung des Defenders wurde die Servolenkung von einer Option zum Standard. Es gab ein neues, weicheres Lenkrad. Ein Relikt aus frühen Tagen des Automobils verschwand ebenfalls in diesem Jahr: Das kleine Loch in der vorderen Stoßstange. Dieses diente tatsächlich bis dahin als Durchgang für die Handkurbel, wenn der Motor mal nicht elektrisch gestartet werden konnte. Vorne auf der Kurbelwelle saß eine entsprechende Aufnahme.
Bei den Defender 90, die als Nutzfahrzeuge galten, also dem Pick-up, Softtop und Hardtop, wurden die Sitze ein kleines bisschen weiter nach innen gerückt, um aus viel zu wenig Ellenbogenfreiheit nur noch zu wenig Ellenbogenfreiheit zu machen.

Der Tdi-200-Turbodiesel ist ein Werk des österreichischen Motorenentwicklers AVL. (Foto: Jozg44 / wikimedia commons, CC BY-SA 3.0)

Ein neues Lenkrad hielt Einzug, ansonsten ist die Ausstattung des Cockpits weiterhin auf das Nötigste reduziert.

1992 hieß es Abschied nehmen von den liebgewonnenen Scheibenscharnieren, sie wurden durch breite Klammern ersetzt. (Foto: Andreas Woithon)

Motoren und Antriebsstrang

Probleme mit dem LT77-Getriebe führten zur Version LT77S. Das LT77S ist am Suffix H oder höher am Ende der Getriebeseriennummer zu erkennen und besaß einige Verbesserungen. Dazu zählten verbesserte Synchronringe von Spicer, daher die Kennung »S«. Die Zahnräder wurden breiter und besaßen mehr Auflagefläche, um den höheren Drehmomenten des 200Tdi gerecht zu werden. Die Lager wurden verbessert, ebenso die Ölversorgung am Hauptwelleneingang.

1992

Im nächsten Jahr, 1992, verschwand eine weitere liebgewonnene Einrichtung: Die Scheibenscharniere, die das Abkippen der Windschutzscheibe nach vorne auf das Reserverad erlaubten. Sie wurden durch breite Klammern ersetzt, die jetzt nur noch als Verstärkung dienten.

In den Ländern, in denen es den Defender County Wagon gab, wurde für das folgende Modelljahr eine Kunststoffabdeckung für die Felge des Reserverads aufgelegt.

1993

Mitte des Jahres verschwanden die Trommelbremsen an der Hinterachse. Rundherum verzögerte das Fahrzeug nun mit Scheibenbremsen. Defender mit Schwerlastfedern, wie der HCPU, wurden mit den ventilierten Scheibenbremsen des Range Rover ausgestattet. Findige Händler boten in den Folgejahren »High Performance« Bremsanlagen für den Defender für teures Geld an – dabei waren es doch nur die des Range Rover.

Für die County-Modelle wurde nun erstmals Metallic-Lackierungen angeboten. Ein weiterer Schritt, um mit den geänderten Kundenwünschen in Richtung Spaß- und Freizeitfahrzeuge mitzuhalten.

Testlauf für die USA

Land Rover begann ein schickes und teures Cabriolet zu entwickeln. Für inflationsbereinigte 46.500 Euro (£18.495) bekam man das Sondermodell Defender 90SV mit »Capri Blue«-Sonderlackierung, Überrollkäfig, 200Tdi-Motor und Fünfspeichen-Alurädern, wie sie auch beim Range Rover zu finden waren. Es basierte auf dem Ninety Konzeptauto Cariba von 1987. Der 90SV war streng auf neunzig Stück limitiert und trug stolz am Heck seine Seriennummer.

Rückkehr in die USA

Bei Land Rover wurde die Chance gesehen, mit dem Defender auf den US-Markt zurückzukehren. Der erste Versuch mit den Serie-Modellen Ende der 1950er-, Anfang der 1960er-Jahre endete in einem Desaster. Bedingt durch strenger werdende Sicherheits- und Abgasvorschriften und den turbulenten Zeiten in der britischen Automobilindustrie, mit den vielen Besitzerwechseln und der daraus resultierenden mangelhaften Unterstützung der US-Händler, hinterließ British Leyland dort einiges an verbrannter Erde.
Der Range Rover hatte sich trotzdem in den USA etabliert. War er anfangs dort nur als Grauimport dort zu haben, gab es ihn ab 1987 offiziell über Range Rover of North America (RRNA), eine Tochter

1993er Land Rover Defender 110 NAS (North American Specification): Nur 535 Exemplare wurden für Nordamerika gebaut, bis auf ein einziges Fahrzeug alle in Alpine White. Aufnahme von 2013 in Montauk auf Long Island.
(Foto: Vetatur Fumare / wikimedia commons, CC BY-SA 2.0)

Land Rover Defender 90 NAS – die Modelle für den Export nach Nordamerika waren gut an den übergroßen Blinkern zu erkennen.

der britischen Land Rover Ltd, zu kaufen. Angesichts des großen Erfolgs und um die Tür für weitere Modelle zu öffnen, wurde die Tochterfirma 1992 in Land Rover North America (LRNA) umbenannt. Was lag näher, als es jetzt mit dem Defender zu versuchen? Zwei Modelle wurden dafür konzipiert: Zuerst kam ein schneeweißer Defender 110 mit Rover-V8 und externem Überrollkäfig.

Ein Jahr später folge ein Defender 90 Softtop, ebenfalls ausgestattet mit dem Rover-V8 und einem Überrollkäfig. Die Amerika-Modelle trugen die Kennzeichnung NAS für North American Specification und waren gut an den übergroßen Blinkern zu erkennen, die dort Pflicht waren.

Die Modelle 1990 bis 1994

Defender 90

1990-1992	
Motor	R4 Benzin, 2.495 cm^3, 84 PS 4.000 $Umin^{-1}$, 180 Nm 2.000 $Umin^{-1}$
Getriebe	Fünfgang-Schaltgetriebe, vollsynchronisiert
Allrad	Verteilergetriebe mit Untersetzung, permanentem Allrad und sperrbarem Mitteldifferenzial
Achsabstand	2.360 mm
Länge	3.721 mm
Breite	1.791 mm

1990-1994	
Motor	R4 Turbo Diesel (200 Tdi), 2.495 cm^3, 108 PS 3.800 $Umin^{-1}$, 255 Nm 1.800 $Umin^{-1}$
Getriebe	Fünfgang-Schaltgetriebe, vollsynchronisiert
Allrad	Verteilergetriebe mit Untersetzung, permanentem Allrad und sperrbarem Mitteldifferenzial
Achsabstand	2.360 mm
Länge	3.721 mm
Breite	1.791 mm

1990-1992	
Motor	R4 Diesel, 2.495 cm^3, 68 PS 4.000 $Umin^{-1}$, 155 Nm 1.800 $Umin^{-1}$
Getriebe	Fünfgang-Schaltgetriebe, vollsynchronisiert
Allrad	Verteilergetriebe mit Untersetzung, permanentem Allrad und sperrbarem Mitteldifferenzial
Achsabstand	2.360 mm
Länge	3.721 mm
Breite	1.791 mm

1990-1994	
Motor	V8 Benzin, 3.528 cm^3, 136 PS 4.000 $Umin^{-1}$, 254 Nm 2.500 $Umin^{-1}$
Getriebe	Fünfgang-Schaltgetriebe, vollsynchronisiert
Allrad	Verteilergetriebe mit Untersetzung, permanentem Allrad und sperrbarem Mitteldifferenzial
Achsabstand	2.360 mm
Länge	3.721 mm
Breite	1.791 mm

Defender 110

1990-1992	
Motor	R4 Benzin, 2.495 cm^3, 84 PS 4.000 $Umin^{-1}$, 180 Nm 2.000 $Umin^{-1}$
Getriebe	Fünfgang-Schaltgetriebe, vollsynchronisiert
Allrad	Verteilergetriebe mit Untersetzung, permanentem Allrad und sperrbarem Mitteldifferenzial
Achsabstand	2.794 mm
Länge	4.580 mm
Breite	1.791 mm

1990-1992	
Motor	R4 Diesel, 2.495 cm^3, 68 PS 4.000 $Umin^{-1}$, 155 Nm 1.800 $Umin^{-1}$
Getriebe	Fünfgang-Schaltgetriebe, vollsynchronisiert
Allrad	Verteilergetriebe mit Untersetzung, permanentem Allrad und sperrbarem Mitteldifferenzial
Achsabstand	2.794 mm
Länge	4.580 mm
Breite	1.791 mm

1990-1994	
Motor	V8 Benzin, 3.528 cm^3, 136 PS 4.000 $Umin^{-1}$, 254 Nm 2.500 $Umin^{-1}$
Getriebe	Fünfgang-Schaltgetriebe, vollsynchronisiert
Allrad	Verteilergetriebe mit Untersetzung, permanentem Allrad und sperrbarem Mitteldifferenzial
Achsabstand	2.794 mm
Länge	4.580 mm
Breite	1.791 mm

1990-1994	
Motor	R4 Turbo Diesel (200 Tdi), 2.495 cm^3, 108 PS 3.800 $Umin^{-1}$, 255 Nm 1.800 $Umin^{-1}$
Getriebe	Fünfgang-Schaltgetriebe, vollsynchronisiert
Allrad	Verteilergetriebe mit Untersetzung, permanentem Allrad und sperrbarem Mitteldifferenzial
Achsabstand	2.794 mm
Länge	4.580 mm
Breite	1.791 mm

Defender 130

1990-1992	
Motor	R4 Benzin, 2.495 cm^3, 84 PS 4.000 $Umin^{-1}$, 180 Nm 2.000 $Umin^{-1}$
Getriebe	Fünfgang-Schaltgetriebe, vollsynchronisiert
Allrad	Verteilergetriebe mit Untersetzung, permanentem Allrad und sperrbarem Mitteldifferenzial
Achsabstand	3.226 mm
Länge	5.029 mm
Breite	1.791 mm

1990-1992	
Motor	R4 Diesel, 2.495 cm^3, 68 PS 4.000 $Umin^{-1}$, 155 Nm 1.800 $Umin^{-1}$
Getriebe	Fünfgang-Schaltgetriebe, vollsynchronisiert
Allrad	Verteilergetriebe mit Untersetzung, permanentem Allrad und sperrbarem Mitteldifferenzial
Achsabstand	3.226 mm
Länge	5.029 mm
Breite	1.791 mm

1990-1994	
Motor	V8 Benzin, 3.528 cm^3, 136 PS 4.000 $Umin^{-1}$, 254 Nm 2.500 $Umin^{-1}$
Getriebe	Fünfgang-Schaltgetriebe, vollsynchronisiert
Allrad	Verteilergetriebe mit Untersetzung, permanentem Allrad und sperrbarem Mitteldifferenzial
Achsabstand	3.226 mm
Länge	5.029 mm
Breite	1.791 mm

1990-1994	
Motor	R4 Turbo Diesel (200 Tdi), 2.495 cm^3, 108 PS 3.800 $Umin^{-1}$, 255 Nm 1.800 $Umin^{-1}$
Getriebe	Fünfgang-Schaltgetriebe, vollsynchronisiert
Allrad	Verteilergetriebe mit Untersetzung, permanentem Allrad und sperrbarem Mitteldifferenzial
Achsabstand	3.226 mm
Länge	5.029 mm
Breite	1.791 mm

1994

Wurden bisher in etlichen Märkten, auch in Großbritannien, keine Defender 90 County Station Wagon angeboten (man wollte die Markteinführung des Discovery nicht gefährden), so gab es diese nun. Aus steuerlichen Gründen entfielen beim 110er Station Wagon zwei Sitze, womit es nur noch neun gab, so wie es bereits für andere Länder üblich war. Die seitlichen Sitze im Heck bekamen nun Anschnallgurte vom Typ Beckengurt.

Ungefähr ab diesem Jahr entfernte Land Rover den Defender einen weiteren Schritt vom Ruf des »unverwüstlichen Arbeitstiers«. Waren bisher die Abschlussrahmen (»Cappings«) oberhalb der Bordwände und die hinten Ecken aus verzinktem Stahl, wurden sie nun nur noch grundiert und in Wagenfarbe lackiert. Viele Kunden wollten ein moderneres, schickeres Äußeres und Land Rover nahm die Idee dankend auf, denn das Verzinken war teurer als das Lackieren. Die Folge dessen war, dass es nun einen weiteren korrosionsgefährdeten Bereich gab, um den sich der Besitzer kümmern musste. Wenn heute ein Besitzer die Cappings restaurieren oder tauschen muss, lässt er sie nicht selten feuerverzinken.

Die verzinkten »Cappings«, hier an einem One Ten, entfielen 1994. Viele Besitzer setzten heute wieder auf verzinkte Teile. (Foto: A. Woithon)

Motoren und Antriebsstrang

Neue Regelungen verlangen einen neuen Motor: der 300Tdi

Der 200Tdi bedurfte einer Erneuerung, weshalb er 1994 durch den etwas stärkeren 300Tdi abgelöst wurde. Es mag so scheinen, als wäre der 300Tdi nur eine Überarbeitung des 200Tdi, tatsächlich handelte es sich aber um eine tiefgreifende Weiterentwicklung.

Der 200Tdi erfüllte die Euro-1-Abgasnorm nicht mehr. Der 300Tdi war daher der erste Land-Rover-Motor mit einer Abgasrückführung (AGR). Seine späteren Versionen hätten sogar mit einem elektronischen Steuergerät versehen werden können.

Da mit dem 300Tdi auch das neue und längere Fünfgang-Schaltgetriebe mit neuer Nomenklatur R380 (Rover 380 Nm, »Rover« um sich von der British Leyland Ära abzusetzen) eingeführt wurde, rückte er im Motorraum weit nach vorne. Der 300Tdi besaß nur noch einen Keilrippenriemen anstatt mehrerer Keilriemen, um die Nebenaggregate anzutreiben. Das Zylinderkopfdesign war ebenso völlig neu.

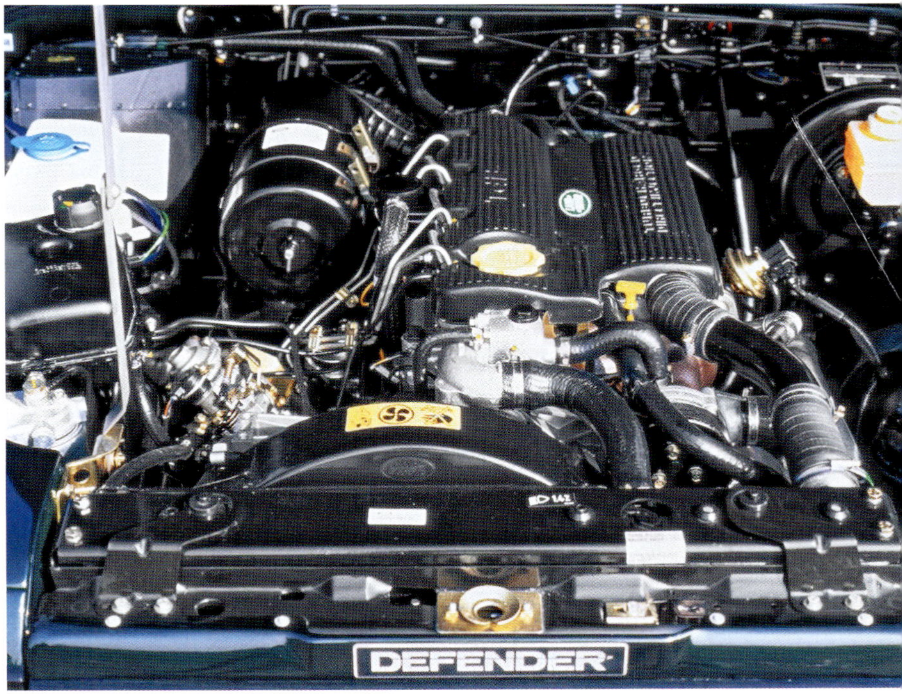

Trotz ähnlicher Bezeichnung war der 300Tdi keine bloße Überarbeitung des 200Tdi ab, sondern eine umfassende Neuentwicklung mit mehr Leistung, AGR, neuem Zylinderkopf sowie modernem Keilrippenriemen zur Erfüllung der Euro-1-Norm.)

Land Rover Defender 110 Tdi300 als High Capacity Pickup (HCPU).

Das lange Leben des 300Tdi nach der Land-Rover-Zeit

Mit der Einführung des Nachfolgemotors Td5 verschwand der 300Tdi noch lange nicht. Zum einen lieferte Land Rover ihn selbst noch einige Jahre an bestimmte militärische Kunden und er mauserte sich zu einem der erfolgreichsten Exporte der britischen Autoindustrie. Die Werkzeuge und Lizenzen gingen nach Brasilien an MWM International, den damaligen internationalen Zweig der Motorenwerke Mannheim, heute Caterpillar.
Dort wurde er auf 2,8 Liter vergrößert und bekam einen Turbolader mit variabler Geometrie (portugiesisch »Turbo de Geometria Variável« TGV) und kam als International HS 2.8 TGV zurück. Er trieb nun Fahrzeuge wie den brasilianischen Ford F-1000 / F-100, den Chevrolet S10 Blazer und einige GM-Pickups und SUVs sowie den Nissan Frontier an.
Nicht selten fand er so als Umbaumaßnahme den Weg zurück in alte Land Rover.
Ein weit verbreiteter Irrglaube hingegen ist, dass auch der Motor des VW LT auf dem 300Tdi basiert. Richtig ist, dass beide Motoren von Motores MWM Brasil stammen, aber aus unterschiedlichen Motorenfamilien. Der Motor des VW LT basiert auf dem MWM Sprint mit drei Ventilen pro Zylinder und Stirnradantrieb, wohingegen der 300Tdi und seine überarbeitete Version 2.8 TGV zwei Ventile pro Zylinder und einen Zahnriemen haben.

Mit dem 300Tdi verschwand auch der Boge Hydromat still und heimlich. Dafür gab es jetzt ein Heavy-Duty-Fahrwerkspaket, dass eine höhere Zuladung erlaubte.
Der Rover-V8 wurde nicht mehr angeboten und tauchte erst 1998 im 50-Jahre-Sondermodell kurz noch einmal auf.
Wie so oft bei Land Rover wurde eine Neuerung Mitte bis Ende eines Jahres für das folgende Modelljahr eingeführt. Offiziell gab es den 300Tdi also im Modelljahr 1995. Dieser gilt auch heute noch als der Motor schlechthin für den Defender. Für einen gut erhaltenen Defender mit 300Tdi Motor werden nach wie vor gute Preise erzielt. Er erwarb sich ebenfalls den Ruf sehr langlebig und zuverlässig zu sein und die Puristen schätzen ihn insbesondere als letzten Motor ohne Steuergerät und Elektronik.
Im Wesentlichen gab es beim 300Tdi nur ein großes Problem mit der Ausrichtung des Keilrippenriemens, welches zur Zerstörung des Riemens mit allen Folgeschäden führte. Es kam folglich schnell einen Änderungssatz, der das Problem behob.
Bis heute hält sich die Ansicht, dass der 300Tdi der Motor ist, mit dem der Abenteuerlustige nach Afrika fährt. Das hat sich zwar alles überholt und auch jüngere Motoren sind dort anzutreffen, aber solche Ansichten haben eine lange Haltbarkeit.
Mit dem 300Tdi-Modell gab es dann zum ersten Mal eine sehr unglücklich positionierte Klimaanlage. Sie war, sehr zum Ärger größerer Personen, einfach unterhalb des Cockpits als langer Kasten angebracht. Der eine oder andere macht diese Anlage für folgende Knieprobleme verantwortlich, blies sie doch zuverlässig kalte Luft nur zum Bauch und auf die Knie. Sie hatte keine Verbindung zu den anderen Lüftungsdüsen.
Der 300TDi kam immer mit dem R380-Fünfgang-Schaltgetriebe. (»Rover 380 Nm«).

1995

Alle County Wagon Modelle erhielten jetzt Stabilisatoren.

Sondermodell für die italienischen Carabinieri

Eigens für die italienische Polizei wurde 1995 ein ganz eigenes Modell gebaut. Ein Defender 90 mit dem gleichen 2,0-Liter-Benzinmotor wie er im ebenfalls sehr seltenen Discovery MPi zu finden war. Dabei handelte es sich um einen Rover-Motor der T-Reihe, der aus dem Rover 600 und 800 stammte.
Allerdings erwies sich diese Kombination im Discovery als Fehler. Der Sechzehnventil-Motor war mit 136 PS aber nur 185 Nm im über zwei Tonnen schweren Discovery vollkommen überfordert. Im kleinen Defender lief es etwas besser. Die Carabinieri wünschten sich den Benziner, da sie sehr oft den Motor lange im Stand laufen ließen.

1996

County-Wagon-Modelle konnten nun mit dem Dach in Wagenfarbe anstatt nur in Weiß bestellt werden.
Die schwarzen Panels im Innenraum und die Cubby-Box wechselten die Farbe von schwarz zu »Dark Granite«, der Moorland-Bezugsstoff wurde durch Rayleigh ersetzt.
Um die Euro 2 Abgasnorm einzuhalten, erhielt der Tdi300 ein Abgasrückführungsventil (AGR-Ventil).

1997 - US-Markt

Für den amerikanischen Markt, den man seit 1993 wieder belieferte, gab es 1997 noch einen Defender 90 NAS Station Wagon mit Automatikgetriebe. Dieses Jahr war auch das letzte volle Jahr für den Defender in den USA.
Durch gestiegene Sicherheitsanforderungen, ab dem 1. September 1997 wurde dort der Airbag Pflicht, konnte der Defender dort nicht mehr importiert werden. Bis heute gibt es allerdings in den USA eine feste Fangemeinde und Fahrzeugbauer, die veredelte Versionen des Defenders bauen. Mittlerweile dürfen Defender, die mindestens 25 Jahre alt und im originalen Zustand sind oder originale NAS-Versionen waren, wieder importiert werden. Die Behörden in den USA prüfen die Originalität sehr genau und mit drastischen Konsequenzen: Besteht das Fahrzeug diese Prüfung nicht, wird es in der Regel sofort vor Ort verschrottet.
Ab 1998 wurden Rover V8 Defender 90 mit Automatikgetriebe auch in Großbritannien angeboten.

Der Defender (hier ein 130 Tdi300) war offiziell für eine Wattiefe von 500 Millimetern freigegeben, zeigte sich in der Praxis deutlich leistungsfähiger

Defender 90 NAS aus dem Modelljahr 1997, fotografiert in Alexandria, Virginia. (Foto: IFCAR / wikimedia commons)

Die Modelle 1994 bis 1999

Defender 90

1994-1997 North American Specification	
Motor	V8 Benzin, 3.947 cm^3, 186 PS 4.750 $Umin^{-1}$, 303 Nm 3.100 $Umin^{-1}$
Getriebe	Fünfgang-Schaltgetriebe, vollsynchronisiert
Allrad	Verteilergetriebe mit Untersetzung, permanentem Allrad und sperrbarem Mitteldifferenzial
Achsabstand	2.360 mm
Länge	3.721 mm
Breite	1.791 mm

1995-1998	
Motor	R4 Turbo Diesel (300 Tdi), 2.495 cm^3, 113 PS 4.000 $Umin^{-1}$, 265 Nm 1.800 $Umin^{-1}$
Getriebe	Fünfgang-Schaltgetriebe, vollsynchronisiert
Allrad	Verteilergetriebe mit Untersetzung, permanentem Allrad und sperrbarem Mitteldifferenzial
Achsabstand	2.360 mm
Länge	3.721 mm
Breite	1.791 mm

Defender 110

1990-1994	
Motor	R4 Turbo Diesel (300 Tdi), 2.495 cm^3, 113 PS 4.000 $Umin^{-1}$, 255 Nm 1.800 $Umin^{-1}$
Getriebe	Fünfgang-Schaltgetriebe, vollsynchronisiert
Allrad	Verteilergetriebe mit Untersetzung, permanentem Allrad und sperrbarem Mitteldifferenzial
Achsabstand	2.794 mm
Länge	4.580 mm
Breite	1.791 mm

Defender 130

1995-1998	
Motor	R4 Turbo Diesel (300 Tdi), 2.495 cm^3, 113 PS 4.000 $Umin^{-1}$, 255 Nm 1.800 $Umin^{-1}$
Getriebe	Fünfgang-Schaltgetriebe, vollsynchronisiert
Allrad	Verteilergetriebe mit Untersetzung, permanentem Allrad und sperrbarem Mitteldifferenzial
Achsabstand	3.226 mm
Länge	5.029 mm
Breite	1.791 mm

Heckansicht eines Defender 110 Tdi300 als High Capacity Pickup (HCPU).

Dieser Defender 130 steht im Dienst der Heilsarmee in Australien.

Queen Elizabeth II war begeisterte Autofahrerin. Hier ist sie am 16. Mai 1992 beim Royal Windsor Horse Show in Windsor am Steuer eines Land Rover zu sehen. (Foto: Getty Images)

Toursten erkunden im November 2022 in mehreren Land Rover Defender die Landschaft von AlUla (Saudi-Arabien). (Foto: Getty Images)

Kapitel 8: 2000 - Die lange Zeit des Td5

Mit dem Td5 wechselte die Luftansaugung auf die rechte Seite und das »Tdi« an den Kotflügeln wurde durch den »Td5«-Schriftzug ersetzt.

Der neue Fünfzylinder-Turbodiesel war sicherlich die bedeutendste Änderung für das Modelljahr 1999. Wie ehemals der Wechsel von Blatt- auf Schraubenfedern erzeugte der neue Motor eine große Aufregung unter den Fans. Es wurde bereits der Untergang des Defender und von Land Rover sowieso prophezeit – denn der Td5 besaß ein elektronisches Steuergerät. Die anderen Änderungen waren weniger epochal, aber zahlreich. Im Vergleich zu allen anderen Motortypen waren die Td5 Defender diejenigen die am längsten gebaut wurden: sieben Jahre.

Parallel zum Td5 wurden für den ROW-Markt (Rest of the World) weiterhin 300Tdi-Motoren, auch ohne AGR-Ventil, produziert.
Zum ersten Mal gab es den Defender auf Wunsch mit dem Bremsassistenzsystem ABS samt elektronischer Bremskraftverteilung (EBD) und einer elektronischen Traktionskontrolle (ETC), die auf dem ABS aufsetzte. Es war das gleiche System, wie es im Freelander Verwendung fand. Es wurde nie für den Defender 130 angeboten. Vielleicht, weil man dieses Modell als reines Nutzfahrzeug ohne große Freizeit-Offroad-Ambitionen gesehen hat. Der 130er erhielt dafür die sogenannten Wolf-Felgen mit Lochoptik der Militär-Land-Rover. Diese besaßen eine höhere Traglast, ebenso wie die Straßenreifen mit denen der 130er ausgestattet wurde.
Die äußere Optik veränderte sich ebenfalls. Mit dem Td5-Motor wechselte die Luftansaugung von der linken auf die rechte Seite, ein gutes Unterscheidungsmerkmal zwischen den 300Tdi- und Td5-Fahrzeugen. Die Kotflügelblinker wurden etwas länger und die Blenden um die Hauptscheinwerfer bekamen Ventilationsschlitze zwischen Blinker und Positionslicht.
Der Schriftzug Tdi auf den Kotflügeln wurde nun durch einen Td5-Schriftzug ersetzt. Die Dächer waren bei normaler Lackierung nun immer weiß, bei Metalliclackierung in Wagenfarbe.
Im Inneren gab es eine Art Schallisolation und die Instrumente waren trotz analoger Anzeigen nun elektronisch, angesteuert vom zentralen Steuergerät. Wie bereits im 300Tdi gab es optional die »Kniekühlanlage«. Um dem Klimakühler Platz zu geben, der vor dem Motor- und Ladeluftkühler platziert wurde, rückte der Kühlergrill etwas nach vorne. Das sollte bei der Montage von Zubehör wie Leuchten oder Winde beachtet werden.
Das Fahrzeug besaß »dank« hoher Diebstahlzahlen und eines elektronischen Motorsteuergeräts nun eine Wegfahrsperre, die Lucas 10AS. Interessanterweise gab es noch keine Zentralverriegelung. Die 10AS arbeitete unabhängig davon, mit einem Transponder am Schlüssel. Auch die 10AS überlebte bis zum letzten Modell im Jahr 2016. Es gab einige Exportmärkte, für die keine Wegfahrsperren vorgesehen waren und vorhandene deaktiviert wurden, etwa in Japan.
Für das Top-Modell County Station Wagon des Defender 90 verschwand die kleine Schottwand hinter der vorderen Sitzreihe. Um die Stabilität zu wahren, wurde sie gegen eine Rundrohr-Strebe ersetzt. Der County bekam auch elektrische Fensterheber, für die anderen Modelle gab es das als Option.

Motoren und Antriebsstrang

Ein gänzlich neuer Motor: Der Td5-Fünfzylinder

Sein Debüt hatte der raue Fünfzylinder-Turbodiesel Td5, der für viele, wie der 300Tdi auch, als Langläufer gilt, 1998 im neuen Discovery 2. Damit zählt Land Rover zu der überschaubaren Anzahl an Automarken, die sich an das Abenteuer Fünfzylinder wagten.
Ab dem Modelljahr 1999 war der Td5 auch im Defender zu haben. Sein Entwicklungscodename lautete »Storm« und auch für ihn holte sich Land Rover externe Expertise ins Haus: Der österreichische Automotive-Dienstleister AVL half bei der Entwicklung von Zylinderkopf und Einspritzung, die britische Ricardo bei der Mechanik.
Der Td5 war für viele Jahre der letzte Motor, der von Land Rover entwickelt und gebaut wurde und der letzte Land-Rover-Motor in einem Defender. Erst 2015 kam Land Rover wieder mit den eigenen Ingenium-Motoren auf den Markt.
Zu Anfang hatte der Td5 mit einigen Schwierigkeiten und sogar kompletten Motorschäden zu kämpfen. Das kleine Zahnrad, das die Ölpumpe des Motors antrieb, wackelte sich von seiner Welle los. Dies hatte einen sofortigen Schmierstopp mit katastrophalen Konsequenzen zufolge. Als dieses Problem behoben war, erwies er sich als zäher Bursche. Er hat sich wie der 300Tdi auch eine große Fangemeinde erarbeitet. Der Autor zählt sich selbst dazu, besitzt er doch solch einen Motor, der nun an der 500.000-Kilometer-Grenze kratzt und immer noch schnurrt.
Während der Td5 im Discovery mit knapp 138 PS angeboten wurde, lieferte er im Defender konservative 122 PS. Dies war auch die

Bei Standardlackierungen waren die Dächer nun immer in Weiß gehalten.

Fünfzylinder

Der erste kommerzielle Pkw-Fünfzylinder wurde vom legendären Ferdinand Piëch aus der Porsche-Dynastie als freier Ingenieur für Mercedes-Benz entwickelt und kam unter dem Namen OM617 im ebenso legendären Mercedes-Benz /8 zum Einsatz. Fünfzylinder hielten sich bei Mercedes-Pkw bis 2005, bei Nutzfahrzeugen ein Jahr länger. Überall wo Piëch hinging, gab es Fünfzylinder im Programm.

Dazu zählen VW und insbesondere Audi, wo der Fünfzylinder im Rallye-Biest Quattro mit Walter Röhrl große Erfolge feierte. Aber auch Volvo, VW, Mercedes, Isuzu, Hummer, Lancia und Alfa nutzen Aggregate mit der ungeraden Zylinderanzahl. Audi und Seat nutzen diese sogar noch heute.

Die Herausforderung bei einem Fünfzylinder sind die Schwingungen zweiter Ordnung, die Audi mit gegenläufigen Ausgleichswellen in den Griff bekommen hat und andere, wie Land Rover auch, durch schiere Masse. Das erkennt man sehr gut an der massiven Verschraubung von Motor und Getriebe bei den Fahrzeugen mit Td5-Motor.

höchste werksseitig angebotene Leistung im Defender. Die zwei folgenden Motoren aus dem Hause Ford, bis auf ein Sondermodell mit 150 PS, haben diesen Wert nicht überschritten.

Die erste Variante des Td5-Motors hatte die Kennung 10P. Fahrzeuge mit diesem Motor sind leicht an dem noch rechteckigen Rückfahrscheinwerfer und Nebelschlusslicht zu erkennen. Das Cockpit sieht noch nach den Tdi-Modellen aus und die externe Dieselrücklaufleitung an der rechten Motorseite existierte noch nicht. Das ist allerdings kein sicheres Erkennungsmerkmal, da viele 10P- bis 14P-Motoren aufgrund der Probleme mit dem Zylinderkopf neuere Zylinderköpfe des Nachfolgers 15P oder des spanischen Herstellers AMC (Amadeo Martí Carbonell S.A.) erhalten haben. Die Stege zwischen den Kraftstoff-, Öl- und Wasserkanälen waren zu dünn dimensioniert und neigten zu Haarrissen, sodass oft Diesel zum Öl übertrat und das Öl verdünnte.

Gerade die AMC-Köpfe erfreuten sich deshalb einer großen Beliebtheit. AMC hat sich darauf spezialisiert, die Schwächen von Zylinderköpfen zu beseitigen. Sie sind bekannt für robuste, sehr prä-

Land Rover Td5-Fünfzylinder-Turbodiesel ohne Schallschutzabdeckung. (Foto: Andreas Woithon)

Der Amadeo Martí Carbonell S.A. (AMC) Zylinderkopf wurde als Austauschlösung bei vielen 10P- bis 14P-Motoren verbaut. (Foto: Andreas Woithon)

zise und passgenaue Köpfe, die mit besseren Gussverfahren hergestellt werden.

Der 15P-Motor und seine Nachfolger bis zum 19P bekamen den von Land Rover verbesserten NLS-Zylinderkopf; verstärkt und mit größer dimensionierten Stegen. Ab der 15P-Version verlief die Dieselrücklaufleitung außerhalb des Zylinderkopfs. Weitere Unterscheidungen zwischen diesen Motorvarianten sind der Abgaskühler, den es im 10P nicht gab und das Steuergerät unter dem Beifahrersitz. Beim 10P war es nicht programmierbar. Das ging erst ab dem 15P.

Mit seinem elektronischen Steuergerät weckte der Td5-Defender, insbesondere der 15P, erstmals größeres Interesse von Aftermarket-Tunern. Für den Rennbetrieb wurden die Motoren mit zusätzlichen Maßnahmen wie einem größeren Ladeluftkühler und mehr Ladedruck teils auf über 200 PS Leistung getrieben.

Weitere Probleme, mit denen die Besitzer zu kämpfen hatten, für die es aber Lösungen gab, waren tropfende Dieseldruckdosen, Öl in den Steckern des Steuergerätes, das dort durch den Kapillareffekt und schlecht abgedichtete Stecker des Motorkabelbaums hingelangte und abgerissene Gewindebolzen des Abgaskrümmers.

Der Td5 ist ein Pumpe-Düse-Motor. Er hat keine separate Einspritzpumpe, sondern jede Einspritzdüse ist auch ihre eigene Pumpe. Mit diesem System lassen sich schon zwei bis drei Einspritzungen pro Arbeitstakt realisieren, wodurch die Abgasemissionen gesenkt werden können. Je nach Zielmarkt hatten die ersten 10P-Motoren keinen Katalysator, aber sie erfüllten die Euro-2-Abgasnorm.

Mit dem Wechsel auf die 15P-Version stieg der Einspritzdruck von 1.500 auf 1.750 bar und jetzt war immer ein Oxidationskatalysator eingebaut, womit der Motor auch Euro 3 schaffte.

Der 15P Td5 kann sogar mit einem Dieselpartikelfilter nachgerüstet werden, was ein teures Unterfangen ist, aber einige wenige Umrüstsätze sind verfügbar.

Der Td5 hatte von Anfang an ein Abgasrückführungsventil, später bekam er noch einen Katalysator. Letztendlich waren damit alle Möglichkeiten des Emissionsschutzes ausgeschöpft. Für die zunehmend verschärften Emissionsschutzregularien, 2005 trat die Euro 4 in Kraft, musste ein neuer Motor gefunden werden. Denn mit der Euro-4-Norm wurden komplexere Abgasrückführungen und Dieselpartikelfilter notwendig.

Verbessertes R380 Schaltgetriebe

Mit dem Td5 stieg das Drehmoment auf 300 Nm und Land Rover zog vor, das R380 zu verstärken. Das mag verwundern, besagt doch der Name des Getriebes, dass es mit bis zu 380 Nm umgehen kann. Die Erfahrungen mit dem ursprünglich nur für Pkw gedachten LT77, auf dessen Layout auch das R380 basiert, haben allerdings gezeigt, dass eine gewisse Reserve bei der Arbeit im Gelände von Vorteil ist. Das Getriebe sollte nicht direkt zu Beginn schon am Limit sein. Für den Wechsel vom 300Tdi auf den Td5 mussten einige Änderungen vorgenommen werden. Die offensichtlichste war die viel längere Eingangswelle. Der Td5-Motor ist kürzer als der 300Tdi, sitzt aber an derselben Stelle. Deshalb mussten die Eingangswelle und die Getriebeglocke länger werden. Das ist der Grund, warum das R380 nicht einfach von einem 300Tdi auf einen Td5 umgebaut werden kann.

Td5 und OBD II

Die OBD-Schnittstelle (nicht genormt, OBD I) wurde 1998 zuerst in Kalifornien zur Überwachung der Emissionsschutzsysteme eines Autos eingeführt. 1996 folgte dann OBD II mit genormter Schnittstelle und Protokollen. Diese Schnittstelle hat sich über die Jahrzehnte als Schnittstelle zu den Bordcomputern im Allgemeinen weiterentwickelt.
Da der Td5 nie in den USA angeboten wurde, musste Land Rover die Schnittstelle auch nicht OBD II konform gestalten. Sie verwendeten lediglich den gleichen 16-poligen Stecker, da er sich für externe generell Verbindungen durchgesetzt hatte.
Der Td5 hat also einen Diagnosestecker, der dem OBD-II-Stecker entspricht, beherrscht aber nicht das OBD-II-Protokoll nach ISO 9141, CAN-Bus oder SAE J1850. Das konnte erst sein Nachfolger, der Td4-Motor.

Anstatt eines Pilotlagers zentrierte das neue Zweimassenschwungrad die Eingangswelle. Das Zweimassenschwungrad dämpfte bereits viele Schwingungen vor dem Getriebe ab. Es verlangt auch eine andere Verzahnung der Eingangswelle.
Die R380 des Td5, die das Suffix L tragen, werden oft als die beste Evolutionsstufe genannt. Das Gehäuse hat Verstärkungsrippen, um den gesteigerten Vibrationen des höher drehenden Td5-Motors zu widerstehen und es hat eine verbesserte Ölversorgung der Lager, um bei längeren Fahrten mit hoher Drehzahl die Kühlung zu gewährleisten. Um ein besseres und ruckfreieres Schalten zu ermöglichen, wurde die Schalthebelmechanik verbessert. Einige wesentlichen Verbesserungen gab es schon ab Suffix K. Der Durchmesser der Wellen wurde vergrößert und die Ausgangswelle zum Verteilergetriebe wurde verstärkt

1x1 der R380-Umbauten

Ein häufiger anzutreffender Umbau ist der Wechsel zum Einmassenschwungrad des Range Rover Classic, der dann auch ein Pilotlager besitzt. Der Hauptgrund für viele Besitzer ist, dass das Einmassenschwungrad so gut wie nie kaputtgeht, dass Zweimassenschwungrad aber regelmäßig. Dafür wird das Getriebерasseln im Leerlauf in Kauf genommen. In der Szene ist man sich immer noch nicht einig, ob das ein guter Umbau ist oder nicht. Die Erfahrung des Autors ist durchweg positiv, er fährt diesen Umbau an seinem Fahrzeug seit über einem Jahrzehnt ohne Probleme.

Folgende Umbauten sind möglich:

Ein Umbau von Discovery zu Defender ist möglich, umgekehrt nicht. Der Discovery hat eine kugelförmige Schalthebelaufnahme, der Defender eine U-förmige. Da sie auch eine unterschiedliche Länge haben, geht der Umbau nur in eine Richtung.

Der Range Rover Classic bekam in seinen letzten beiden Jahren auch das R380 eingebaut. Daher kann der Defender auf das Einmassenschwungrad des Range Rover Classic umgebaut werden.

Es gibt vier verschiedene Eingangswellen für das R380:

1. **Stumpy-R380** – Das ist die kürzeste Eingangswelle. Diese muss verwendet werden, wenn ein LT77-Getriebe durch das R380 ersetzt werden soll. Zusammen mit dem R380-Gehäuse mit kurzer Getriebeglocke ist es die Möglichkeit einen Tdi200 auf das R380 umzubauen und daher sehr begehrt.
2. **Tdi300-Eingangswelle**, länger als die Stumpy-Welle, aber kürzer als die des Td5.
3. **V8-Eingangswelle**, genauso lang wie die des Tdi300, aber der Durchmesser der Welle am Ende, welches im Pilotlager steckt ist kleiner und sie besitzt einen anderen Zahnkranz.
4. **Td5-Eingangswelle**. Sie gilt als Variante für spezielle Fälle, z.B. für MPi-Motoren.

und der Zahnkranz etwas länger gestaltet. Wer sich ein R380-Getriebe zusammenbauen möchte, sollte darauf achten, Teile aus diesen beiden letzten Versionen zu verwenden. Als Verteilergetriebe wurde mittlerweile die Suffix-Q-Version des LT230 verwendet.

2000
Durch eine Steuergesetzänderung wurde ab Mai 2000 der 110er Pickup auch mit Doppelkabine und vier Türen unter dem Namen 110 Crew Cab angeboten. Die Ladefläche verkleinerte sich entsprechend. Damit änderte sich auch der Name des 130er Crew Cab zu 130 Hi-Capacity Double Cab.

2001
Ab Mitte Mai gab es Zentralverriegelungen als Standard. Ebenfalls zu dieser Zeit wurden die maximalen Achslasten des 90er für das Modelljahr 2002 geändert, zumindest für den deutschen Markt. Die hintere Achslast stieg von 1.380 kg für alle Modelle auf die HD-Achslast von 1.500 kg und das zulässige Gesamtgewicht ebenso, von 2.400 auf 2.550 kg. Eine Maßnahme, die den zunehmenden schweren Ausbauten und auch dem gestiegenen Fahrzeuggewicht Rechnung tragen sollte. Der 110 blieb im Standard zunächst gleich Land Rover bot für ihn nun ein Auflastungskit auf 3.500 kg an.
Die bisher für den 110er verwendete Salisbury-Achse wurde durch die verstärkte Rover-Achse des Range Rover P38 »Wolf-Achse« ersetzt. Andere Metalllegierungen und eine geänderte Konstruktion machten diese bei gleicher Stabilität leichtere Achse möglich.

Motor
Für das kommende Modelljahr wurde die Motorvariante 15P eingeführt. Die Probleme des Zylinderkopfs wurden behoben, der Dieselrücklauf vom Zylinderkopf ging nun außerhalb an der rechten Motorseite entlang. Es wurde zusätzlich ein Kühler für die Abgasrückführung montiert, der den Stickoxidausstoß weiter reduzierte.
Das Steuergerät wechselte von den MSB-Versionen, die nur gelesen werden konnten, zu den NNN-Versionen, die flashbar waren. So konnte über die ECU-Schnittstelle neue Mappings aufgespielt werden. Diese Mappings sind Tabellen, die die Spritzufuhr und andere Parameter steuern und so ein Tuning ermöglichen.
Diese Steuergeräte besitzen zwei parallel gespeicherte Tabellen, eine für den High-Modus (Straße), die andere für den Low-Modus (Geländeuntersetzung). Das Steuergerät erhält über den Schalthebel für die Straßen- und Geländeübersetzung ein entsprechendes Signal, um zwischen den Tabellen umschalten zu können. So ist im Geländemodus die Gasannahme etwas gedämpft, damit der Wagen nicht gleich nach vorne prescht, wenn der Fahrer im Gelände den Gasfuß nicht so ruhig halten kann.

Defender 110 Td5 Pickup mit Zweierkabine und schmaler Pritsche.

2002
Das Modelljahr 2002 wartete mit vielen Änderungen auf, nicht nur beim Motor. Bis auf die Softtop- und Pickup-Modelle mit den kleinen Kabinen, gab es für die S- und XS-Ausstattungsvarianten eine Innenraumüberwachung mit Ultraschallsensoren.
Die Mittelkonsole wurde überarbeitet und nahm jetzt sowohl die Schalter als auch das Radio auf. Vormals waren die Schalter unterhalb des Lenkrades. Die Sitzplätze reduzierten sich abermals durch eine EU-Gesetzesänderung, beim 110er auf neun Plätze, beim 90er auf sechs.
Die Türen bestanden nun nicht mehr aus einer Aluminiumhaut, sondern aus verzinktem Stahlblech. Die Hecktür für die Station Wagon und Hardtop-Modelle war nun einteilig und nicht mehr zweiteilig, getrennt in Ober- und Unterteil. In vielen Ländern wurde das ABS standardmäßig verbaut.
Ab Oktober 2002 wurde für den Station Wagon und den County County Station Wagon noch die Ausstattungsvariante XS eingeführt, um der zunehmenden Anzahl an Bestellungen mit Top-Ausstattung gerecht zu werden.
Die XS-Modelle hatten Teilledersitze, ABS, ETC und Zentralverriegelung, Innenraumüberwachung, elektrische Fensterheber, einen silber-

Zur artgerechten Haltung eines Land Rovers gehören Matsch und Wasser, hier ein Defender 90 Td5.

Kurz vor dem Ende der Td5-Ära präsentierte Land Rover Defender 90 Cabrio Two mit zwei Sitzplätzen, Überrollbügel und Cabriolet-Verdeck.

braunen Kühlergrill und Scheinwerfereinfassungen, weiße Blinkergläser vorne und die Boost-Aluminiumfelgen.

2003

Die ehemals graue Innenraumverkleidung ist ab 2003 nur noch in Schwarz ausgeliefert worden.
Im fünfzigsten Jahr des Bestehens von Land Rover 1998 gab es das erste aus einer Reihe von limitierten Sondermodellen: Heritage. Es sollte an die frühen Land Rover erinnern. Die letzten gebauten Sondermodelle werden später auch noch einmal diesen Namen tragen.
Der Heritage besaß den typischen Serie-3-Stage-One-Kühlergrill aus Metall und die Lackierung erfolgte in klassischem Bronze- oder Sage-Grün, so wie die ersten Serie-1-Fahrzeuge lackiert waren. Innen gab es eine grüne Lederausstattung mit weißen Instrumenten. Von diesen mit einem Td5 motorisierten Fahrzeugen gab es insgesamt 270 Stück als 90er und 110er.

2006

Kurz vor Ende des Td5-Motors brachte Land Rover noch ein bis heute begehrtes Sondermodell, das Cabrio Two auf Basis des Defender 90. Zwei Sitzplätze, Überrollbügel hinter der Sitzreihe, Ersatzrad hinter der Schottwand, Klimaanlage und Winterpaket.
Das besondere war, dass dieses Modell nicht einfach eine Softtop-Version war, sondern ein zurückklappbares Cabriolet-Verdeck besaß. In Deutschland wurden nur einhundert Stück verkauft, fünfzig in Bonnati Grey und fünfzig in Schwarz. Sie sind bis heute sehr begehrt und es werden beim Besitzerwechsel gute Preise bezahlt.

Die Modelle 1998 bis 2007

Defender 90

1998-2007	
Motor	R5 Turbo Diesel, 2.495 cm^3, 124 PS 4.000 $Umin^{-1}$, 300 Nm 1.950 $Umin^{-1}$
Getriebe	Fünfgang-Schaltgetriebe, vollsynchronisiert
Allrad	Verteilergetriebe mit Untersetzung, permanentem Allrad und sperrbarem Mitteldifferenzial
Achsabstand	2.360 mm
Länge	3.721 mm
Breite	1.791 mm

Defender 110

1998-2007	
Motor	R5 Turbo Diesel, 2.495 cm^3, 124 PS 4.000 $Umin^{-1}$, 300 Nm 1.950 $Umin^{-1}$
Getriebe	Fünfgang-Schaltgetriebe, vollsynchronisiert
Allrad	Verteilergetriebe mit Untersetzung, permanentem Allrad und sperrbarem Mitteldifferenzial
Achsabstand	2.794 mm
Länge	4.580 mm
Breite	1.791 mm

Defender 130

1998-2007	
Motor	R5 Turbo Diesel, 2.495 cm^3, 124 PS 4.000 $Umin^{-1}$, 300 Nm 1.950 $Umin^{-1}$
Getriebe	Fünfgang-Schaltgetriebe, vollsynchronisiert
Allrad	Verteilergetriebe mit Untersetzung, permanentem Allrad und sperrbarem Mitteldifferenzial
Achsabstand	3.226 mm
Länge	5.029 mm
Breite	1.791 mm

Kapitel 9: Der Defender Td4 mit Ford Puma-Motor

Das Interieur des Td4 wurde grundlegend neu gestaltet. Das Dashboard (hier im Sondermodell Heritage) ähnelte nun demjenigen des Discovery.

Mit dem Übergang zur letzten Version des Defenders gab es zahlreiche und tiefgreifende Änderungen. Tiefgreifend jedenfalls im Vergleich zu den Jahrzehnten davor. Kurz zusammengefasst, es gab einen neuen Motor, ein neues Schaltgetriebe und ein neues Interieur inklusive Dashboard. Die Zulassung und die Achslasten veränderten sich im Laufe der Zeit. Mehr Elektronik hielt Einzug in das Fahrzeug.
Haben bereits die letzten Defender-Td5 Motorhauben aus Stahl bekommen, war das bei den Td4-Modellen, wie die Motorbezeichnung nun lautete, Standard. Der neue 2,4-Liter-Motor von Ford war zu hoch, um unter die alte Haubenform zu passen, weshalb es zum charakteristischen Buckel, dem »Powerdome« kam. Um ihn formstabil zu halten und um kostengünstiger zu produzieren wurde von nun an eine Stahlmotorhaube montiert. Diese war schwerer als

Der »Powerdome« genannte Buckel auf der Motorhaube ist in der Seitenansicht besonders gut zu erkennen (hier ein 110 Td4 Pickup).

Die aufstellbaren Lüftungsklappen auf der Fahrer- und Beifahrerseite verschwanden, beim Td4 sind sie nur noch angedeutet.

ihre Vorgänger aus Aluminium, weshalb auch die Haubenscharniere verstärkt wurden.
Die Zeiten, in denen das Reserverad auf der Motorhaube platziert wurde, waren nun leider vorbei. Das war ein beliebter Ort, das Rad zu platzieren. War doch eine Hecktür, wo das Rad ansonsten montiert war, ohne dieses viel einfacher zu handhaben und ein Rad auf der Motorhaube vermittelte noch viel mehr den Eindruck von Safari und Abenteuer.
Aber die Buckelhaube war schlichtweg zu hoch und 2007 wurden wieder einmal die Sicherheitsregularien in der EU verschärft, so dass dies von nun an nicht mehr erlaubt war. Die Sicht des Fahrers, insbesondere kleinerer Personen, wurde ansonsten zu stark eingeschränkt. Es gibt zwar Umbausätze und einige findige Bastler passten die alten Motorhauben auf den Td4 an, aber diese blieben, auch in Bezug auf die Legalität, eine Randerscheinung.
Ein weiteres geliebtes Detail verschwand: Die aufstellbaren Lüftungsklappen, je eine auf der Fahrer- und Beifahrerseite, die sich seit ihrer Einführung bei einigen Serie-1-Modellen als Standard ab der Serie 2 ebenfalls die Herzen der Fans erobert hatten. Allerdings gab es ein paar wenige Fahrzeuge schon vor den Td4-Modellen, die geschlossene Lüftungsklappen hatten. Diese waren entweder spezielle Bestellungen für das Militär, beispielsweise für den Oman, oder sie wurden manchmal verschlossen, wenn eine Klimaanlage eingebaut war.
Ansonsten hat sich äußerlich nichts Wesentliches verändert. Im Innenraum hingegen schon. Das Dashboard war jetzt sehr nah an das des Discovery 3 angelehnt. Es besaß nun standardmäßig einen Drehzahlmesser, der ebenso wie der Tacho demjenigen des Discovery sehr ähnlich sahen. Ebenso die Instrumentenabdeckung und die seitlichen, runden Lüftungsöffnungen.
Im Fond war die Sitzbank immer noch im Verhältnis 60:40 geteilt, aber sie war nun komfortabler und besaß Kopfstützen und vollwertige Dreipunktgurte. Der Klappmechanismus wurde verbessert. Wurde beim Defender Td5 noch jeder Sitz einzeln umgeklappt, ging das nun pro Hälfte.
Die Dritte Sitzreihe bestand jetzt aus zwei Einzelsitzen in Fahrtrichtung, an jeder Seite einer, die erst zusammen- und dann hochgeklappt wurden, wenn man ihren Platz benötigte. Für die Gurte dieser beiden Sitze haben Siebensitzer in den Ecken des Hecks zwei stabile U-Profile erhalten, an denen die Dreipunktgurte festgemacht waren.
Sehr zum Leidwesen der Td5-Besitzer, die einen Innenausbau hatten und auf den Td4 umgestiegen sind, konnte oft der Ausbau nicht übernommen werden. Während bis zum Td5 die hinteren Radkästen durchgängig eine Höhe hatten, gab es nun der Länge nach eine Stufe. Während beim Td5 hinter der zweiten Sitzreihe der flache Laderaumboden begann, waren beim Td4 dort nun massive erhabene Halter für den geänderten Sitzbankmechanismus

montiert. Ein Ärgernis für Leute, die den Defender innen zum Wohnen ausbauten.
Oft ist von Testern zu lesen, dass sich der Defender Td4 wie ein alter Land Rover fährt, der die Spur nicht hält und das Drehen am Lenkrad eher ein Vorschlag als ein Fahrbefehl sei. Ich kann da nur mutmaßen, dass viele dieser Tester weder die Vorgänger noch die Land-Rover-Serien gefahren sind, aber von deren Fahrverhalten gelesen haben. Na, dann muss wohl ein jeder knochige Defender wohl so fahren. Ich persönlich, der mehrere Generationen von Land Rover gefahren hat und immer noch fährt, kann dem nicht beipflichten. Der Td4 ist ein großer Sprung hin zu einem Pkw, sowohl vom Innenraumkomfort (Heizung und Klimaanlage) als auch vom Fahrverhalten her. Der Abstand zum Td5 ist hier groß, während der vom Td5 zu den Tdis eher kleiner ist.
Dass er Dank Starrachsen, hohem Aufbau und hoher Geländetauglichkeit nie so fahren wird wie ein normaler Pkw, sollte jedem Fachmann klar sein. Ein sehr guter Geländewagen, der auch auf der Straße perfekt fährt, ist noch nicht entwickelt worden. In die eine oder andere Richtung wird es immer ein Kompromiss sein.

Motoren und Antriebsstrang

Mit der Übernahme durch Ford wurde 2006 der Td5 in Rente geschickt. Als Pumpe-Düse-Motor waren mit ihm die neuen Anforderungen an die Abgasregularien nicht mehr zu realisieren.
Von nun an wurde der Ford-2,4-Liter,Vierzylinder-Turbodiesel Duratorq-ZSD-424 aus der Duratorq-Motorenfamilie Z7 mit Common-Rail-Technologie ab dem Modelljahr 2007 im Fahrzeug platziert. Land Rover vermarktete ihn als »Tdci«, etabliert hat sich allerdings der interne Ford-Name »Puma«.
Während es beim Td5 nur einen einzigen Sensor gab, den Kurbelwellensensor, dessen Ausfall den Motor zum Stoppen bringen konnte, nahm die Anzahl wichtiger Sensoren mit diesem Motortyp zu. Verteufelten die Tdi-Fahrer den Td5 wegen der zunehmenden Elektronik, taten dies die Td5-Fahrer jetzt mit dem Td4. Die, die noch ältere Land Rover fuhren, verteufelten einfach beide. Das ewige Spiel, wenn etwas Neues kommt. Aber so ist es nun einmal, daran kam auch Land Rover nicht vorbei. Sollte der Defender weiter überleben, mussten die Motoren umfangreicher überwacht und gesteuert werden.
Der 2,4-Liter-Motor hatte mit einigen schwerwiegenden Problemen zu kämpfen. Seine Injektoren galten als nicht sonderlich standfest. Früher Verschleiß, durchaus bereits bei 100.000 Kilometer Laufleistung, führte zu frühen Wechseln. Wer dies verpasste, wurde durchaus mit einem Motorschaden bestraft. Das sich verschlechternde Spritzbild sorgte für einige durchgebrannte Kolben. Teilweise mit durchgeschlagenen Motorblöcken.
Untertouriges Fahren mochte die ganze Td4-Motorfamilie auch nicht, sowohl der 2,4-Liter als auch der spätere 2,2-Liter. Bei zu niedrigen Drehzahlen setzt die Kolbenbodenkühlung, bei der Öl von unten gegen die Kolbenböden zur Kühlung und zur Schmierung von Bolzen und Lagern gespritzt wird, noch nicht ein. In Folge gab es Schäden durch Mangelschmierung und Überhitzung.
Mit dem 2,4-Liter wurde die Spritzufuhr geändert. Hatte der Td5 noch eine zweistufige, elektrische Pumpe im Tank, besaß der 2,4-Liter-Td4 nur eine Pumpe am Motor, die saugend arbeitete.
Das saugende System des 2,4-Motors musste immer sehr sauber entlüftet sein, da es sich durch das Unterdruckprinzip nicht selbst entlüften konnte. Eine spezielle Handpumpe war eine gute Investition. Das war insbesondere beim Dieselfilterwechsel zu beachten. Ist Luft im System, kann der Diesel nicht gut angesaugt werden. Kleinere Leckagen konnten dadurch nur schwer gefunden werden, da durch die Saugwirkung kein Diesel austrat, aber Luft eingezogen wurde. Zugesetzte Filter oder versulzter Diesel (Kälte) konnten den Widerstand für die Pumpe so ansteigen lassen, dass es zu Schmierausfällen und Verschleiß an der Pumpe kam. Die Folgen waren zahlreich: Leistungsverlust, stotternder oder absterbender Motor, Startschwierigkeiten.

Das Leid mit der Zwischenwelle zwischen den Getrieben

Der Umstieg auf den Ford-Motor brachte einige Folgeänderungen mit sich. Als Schaltgetriebe wurde nun das Getrac MT82 mit sechs Gängen verwendet. Diese Motor-Getriebekombination wurde häufig bei Ford verwendet, beispielsweise im Ford Transit. Das LT230-Verteilergetriebe blieb.
Die Kombination des Puma-Motors und des Getrac-6-Gang-Schaltgetriebes machte das Fahren mit dem Td4 deutlich komfortabler. Konnte man den Td5 immer noch als eine Art Traktor bezeichnen, hatte der Td4 schon Pkw-Qualitäten.
Motor und Schaltgetriebe sind insgesamt kürzer als die früheren Kombinationen. Das und die Adaption des Verteilergetriebes LT230 an das MT82 erforderte eine Zwischenwelle zwischen Schalt- und Verteilergetriebe, denn das Untersetzungsgetriebe LT230 ist geblieben. Diese Welle sorgte für viel Ärger. Während die einen Fahrzeuge vollkommen unauffällig waren, selbst bei häufigem Anhängerzugbetrieb, fiel bei anderen diese Welle, oft auch mehrfach, aus. Die Ursache ist nie offiziell ermittelt oder abgestellt worden. Land Rover ergriff nur eine Maßnahme: Fett. Während die Welle zumindest zu Anfang scheinbar trocken und ungefettet eingesetzt

wurde, versah man sie später beim Austausch mit Fett. Das verzögerte aber nur die Probleme. Die Mutmaßungen und die Untersuchungen einiger engagierter Schrauber und Werkstätten zu der Ursache gehen so weit, dass angeblich nicht alle Gehäuse sauber fluchteten und der Zahnkranz der Welle daher verkante oder unter einer vertikalen Last stehe. Der Teilemarkt hat sich diesem Problem angenommen und bietet verschiedene Lösungen an. Dazu zählen sowohl verstärkte als auch selbstschmierende Wellen. Bei letzteren wird mittels einer Ölfangscheibe, die ins Schaltgetriebe ragt, Getriebeöl zum Zahnkranz gefördert.

2008 - Die Sache mit der Achsmanschette

Um das Jahr 2008/2009 gab es noch eine Änderung, die noch Folgen für Land Rover haben sollte. Ein unscheinbares Detail, so könnte man meinen. An den Achsen wurde aus Kostengründen vom Reibschweißverfahren auf normales Schweißen gewechselt. Das führte zu einem sehr gefährlichen Qualitätsmangel, da es zum Abknicken des angeflanschten Achsschenkelgehäuses mitsamt Radträger und Rad kommen konnte und einigen Fällen auch kam. In der Schweißnaht konnten feine Risse entstehen und zum Abriss führen. Mit etwas Glück trat dort Öl aus. So konnte das Problem vorher bemerkt werden.
Für Land Rover bedeutete das zwei große Rückrufaktionen. Dabei wurde aber nicht die Achse getauscht, wie man es erwarten würde, sondern es wurde eine Manschette montiert, die, wenn es zum Abknicken kommt, den Verlust des Rades verhindern sollte.

Feine Risse in der Achsschweissnaht können im schlimmsten Fall zum Abreißen des Rades führen. Eine einfache Manschette sollte helfen.

Land Rover Defender 110 Station Wagon Td4 2.4 Experience war ein 2010 vorgestelltes Sondermodell mit umfangreicher Zusatz-Ausstattung.

2011

Ab Modelljahr 2011 wurde es notwendig, den Defender als Nutzfahrzeug N1 in Europa zuzulassen. Nur so konnte er im Zusammenwirken mit dem Downgrade für das Modelljahr 2012 auf 2,2 Liter Hubraum die Einführung der Abgasnorm Euro 5 in Europa überleben. Für N1-Fahrzeuge gelten üblicherweise längere Übergangsfristen als für Pkw der M1-Fahrzeugklasse.
Für den Kunden, insbesondere in Deutschland, bedeutete das Nachteile. Finanzämter haben wegen der immer noch hohen Anzahl an Sitzplätzen das Fahrzeug weiter mit der höheren Pkw-Steuer besteuert, wohingegen Versicherungen der N1-Zulassung folgten und nur die teurere Lkw-Versicherung anboten. In einigen Ländern, beispielsweise Österreich, musste die dritte Sitzreihe entfallen. Sogar die seitlichen Fenster im Heck waren dort nicht mehr erlaubt. Diese mussten wie bei den Hardtop-Modellen (HT) verblecht sein.

Motoren und Antriebsstrang

Um weiterhin mit den strenger werdenden Abgasregularien mitzuhalten, gab es 2011 für das Modelljahr 2012 ein Downgrade auf 2,2 Liter Hubraum: Gleiche Leistung, 122 PS und gleiches Drehmoment, aber weniger Abgasemissionen und ein etwas leichterer Motor. Der 2,2-Liter-Duratorq-ZSD-422-Motor blieb dann bis zum Ende des Defenders 2016.
Beide Duratorq-Motoren haben ihre Schwachstellen über die Zeit offenbart. Hatte der 2,4-Liter nur eine Niederdruck-Hochdruckpumpe am Motor, die saugend arbeitete, wurde beim 2,2er auf eine Vorförderpumpe im Tank und eine Hochdruckpumpe am Motor gewechselt.

Mit dem Wechsel zur Vorförderpumpe im Tank, wie es ähnlich auch im Td5 gelöst war, wurden viele Probleme behoben. Durch den Überdruck konnten Leckagen geortet werden und die Hochdruckpumpe am Motor wurde mit positivem Druck beaufschlagt, so dass es nicht zu Schmierausfällen kam.
Endlich gab es auch neue Einspritzdüsen. Diese erwiesen sich als standhafter als diejenigen des 2,4-Liter-Motors. Es ist dennoch immer gut, diese im Auge zu behalten.

2012

Im Jahr 2012 bog der Defender auf seine letzte Runde ein. Nicht ohne weitere Änderungen, obwohl das Ende schon in der Luft lag. Bereits 2011 wurden die zulässigen Achslasten erhöht. Die zulässigen Vorderachslasten stiegen beim 90er und 110er von 1.200 auf 1.250 kg. Die Hinterachslast blieb beim 90er gleich bei 1.500 kg, das zulässige Gesamtgewicht stieg von 2.400 kg auf 2.550 kg. Beim 110er konnte die Hinterachse nun anstatt mit 1.750 respektive 1.850 bei der HD Version nun mit 1.980 kg belastet werden. Das Maximalgewicht stieg bei allen Modellen von 2.950 auf 3.050 kg. Interessanterweise sank es beim 130er jedoch von 3.500 kg auf 3.380 kg. Ursächlich war die neue Einstufung in die N1-Fahrzeugklasse. Fahrzeuge die direkt an der 3.500-kg-Grenze lagen, wurden strenger bewertet als Fahrzeuge, die darunter lagen. Durch die Reduzierung gewann Land Rover einen zeitlichen Puffer bei den Abgaswerten. Der Verlust an maximaler Zuladung fiel daher nicht so gravierend aus. Findige Besitzer haben den Wagen sogar nachträglich wieder auf 3.500 kg aufgelastet und den vorherigen Zustand wieder hergestellt. Konstruktiv hatte sich nichts verändert, der Wagen konnte nach wie vor mit den 3.500 kg umgehen.
Weitestgehend unbekannt blieb eine der allerletzten Änderungen, die ab 2012 angeboten und ab 2015 Pflicht wurde: DSC (besser bekannt als ESP). Das Dynamic Stability Control-System wertet die Daten der ABS-Radsensoren, des Lenkwinkelsensors und des Gierratensensor aus. Wer unter seiner Cubby-Box einen unbenutzten Stecker findet, hat das System nicht. Ist noch ein schwarzer Kasten dabei, in dem der Stecker steckt und findet sich in seiner Konsole ein »DSC«-Schalter, der hat das System. Mit dem Schalter oder dem Wechsel in die Untersetzung wird DSC abgeschaltet. Wer sich eine Standheizung nachrüsten lässt, die gerne unter der Cubby-Box platziert wird, sollte darauf achten, dass der Gierratensensor wieder in der richtigen Ausrichtung montiert und fest verschraubt wird.

2013

Zum Modelljahr 2014 änderte sich erneut die Motorhaubenbeschriftung. Prangte dort seit der Einführung des Land Rover Td4 der Schriftzug Land Rover, fand sich gegen Ende 2013 der Schriftzug Defender.

Defender 110 Td4 2.4 als High Capacity Pickup (HCPU), erkennbar an der breiteren Pritsche ohne ausgebuchtete Kotflügel.

Der Puma-Motor ist leistungsfähig, aber nicht immer zuverlässig. Dennoch eignet sich der Defender 110 Td4 natürlich auch als Expeditionsfahrzeug.

So stellte man sich 2011 mit dem Land Rover DC100 den möglichen Nachfolger des klassischen Defender vor – als moderne Studie mit »klarer neuer Designlinie«, wie es die Marketingabteilung formulieren würde. (Foto: Christian Flores / wikimedia commons, CC BY-SA 2.0)

2016 – Das Aus

Es war wohl unvermeidlich und es wurde viel spekuliert warum. Im Januar 2016 liefen die letzten Defender vom Band in der Halle in Solihull, wo sie immer vom Band liefen. Um den Fans den Abschied etwas zu versüßen gab es noch einmal drei Sondermodelle. Da war der Defender 90 Heritage Edition, der an den HUE 166 erinnern sollte, der erste Serien-Land-Rover. Er war in Grasmere Green mit weißem Dach lackiert. Ein klassischer Kühlergrill, der die Optik des alten Kühlergrills aufgriff. An den Kotflügeln und auf den Sitzen gab es einen HUE-166-Schriftzug. Weltweit war er auf 400 Stück limitiert und ein Exemplar dieses Sondermodells war auch das letzte, des vom Band lief. Dann gab es die Adventure Edition in Phoenix Orange, Weiß oder Grau lackiert und die Motorhaube war immer Schwarz. Es gab Unterbodenschutz, Schnorchel, Dachträger und MT-Reifen. Deren Stückzahl wurde auf 600 limitiert. Wer mehr mit Luxus anfangen kann, für denjenigen gab es die Autobiography Edition, ebenfalls in Zweifarben-Lackierung, zumeist Grau/Schwarz. Vollausstattung mit Windor-Leder, inklusive des Dachhimmels, einer 150-PS-Leistungssteigerung und LED-Scheinwerfern. Es gab diese Version nur mit dem 90"-Radstand und sie war auf 80 Stück limitiert, 30 davon für Deutschland.

Der Markt reagierte auf das Ende des Defenders mit bis heute anhaltend hohen Preise am Gebrauchtwagenmarkt. Eher unerwartet starten immer neue Firmen mit Zubehörteilen und Umbauten für den Defender. Etliche Betriebe haben sich der Restauration und dem Werterhalt durch Korrosionsschutz verschrieben, sodass der Defender noch lange in der Geländewagen- und Reiseszene sichtbar bleiben wird. Damit unterscheidet er sich interessanterweise von Fahrzeugen wie dem VW Käfer oder der Citroën 2CV »Ente«, die zu ihrer Bauzeit in hohen Volumen verkauft wurden, aber danach sehr schnell aus dem Straßenbild verschwanden.
Im Hause Jaguar Land Rover nahm man sich bis 2019 Zeit für den Nachfolger des Defenders. 2011 zeigte Land Rover die Studie DC100, die Schockwellen bei den Fans auslöste. Heute wird sie als sehr wichtig angesehen, da sie das sehr erfolgreiche Nachfolgemodell New Defender so erst möglich machte.
Der New Defender hat sich regelrecht zum Rückgrat von Jaguar Land Rover entwickelt. Geschätzt macht er 25 bis 30 Prozent des Verkaufsvolumens aus, gut 30 Prozent des Jahresumsatzes und 40 Prozent des Gewinns. Dass der Gewinnanteil so hoch liegt, ist der »Value over Volume«-Strategie geschuldet, bei der selten nackte Basisfahrzeuge in Masse, dafür aber teure Zubehörpakte mit jedem Fahrzeug verkauft werden.
Land Rover verfolgte bereits 2013 mit dem Wechsel des Motorhaubenschriftzugs das Ansinnen die einzelnen Fahrzeugreihen stärker in den Vordergrund zu setzen, was 2023 in die House-of-Brands-Strategie mündete. Seitdem stehen die vier Modellreihen Defender, Discovery, Range Rover und Jaguar im Vordergrund. Der Freelander ist in der Discovery Linie als Discovery Sport aufgegangen. Die Marke Land Rover rückt in den Hintergrund als eine Art Gütesiegel, das grüne ovale Logo bleibt dabei als Zeichen der Geländekompetenz. Viele Fans der Marke bedauern diese Schritte, da sie zunehmend die faszinierende Geschichte des Land Rover von diesem Namen abgekoppelt und verwässert sehen.

Die Modellvarianten

Diese Fahrzeugfamilie von Land Rover bestach schon immer durch die Vielfalt an Modellvarianten und die einfache Möglichkeit diese auch später durch Umbau zu wechseln oder etwas ganz Eigenes zu bauen. Eines der herausragenden Merkmale des Fahrzeugs, dass ehemals zurecht mit dem Slogan »The most versatile vehicle« beworben wurde.
Wie für die Land Rover Serie-Modelle gab es für die frühen Modelle ab 1983 und die späteren Defender zahlreiche Modellvarianten.
Diese Vielfalt verdankte das Auto seiner modularen Bauweise. Ein Leiterrahmen mit Achsen, Motor und Antriebsstrang. Darüber Karosserieteile, die auf den Leiterrahmen montiert wurden. Dann gab es die geschlossenen oder offenen Fahrerhäuser. Die Möglichkeit, den Land Rover umzubauen, wurde von der Fangemeinde intensiv genutzt. Der geneigte Bastler konnte sich aus einem Station Wagon einen Softtop bauen oder umgekehrt. Wurde die Kabine im Heck getauscht, konnte ein Umbau zu einem Pickup erfolgen, oder umgekehrt. Findige Schrauber machten sogar aus dem 130er einen Hardtop oder Station Wagon. Der Teilemarkt versorgt bis heute den Enthusiasten mit allem möglichen an Material und viele Teile, die für Umbauten nötig sind, gibt es noch im Original von Land Rover. Beliebt war auch eine mit einem Bikini-Top als Dach.
Falls sich manch einer gefragt hat, warum der Defender drei Hecktürscharniere hat, zwei unten eines oben, hier die Antwort: Passend zum Umbau zwischen Hardtop oder Softtop konnte die Hecktür mit einer halben Hecktür oder einer Klappe getauscht werden.
Schauen wir uns die einzelnen Varianten an, die Land Rover selbst produziert hat, wobei wir alle Baujahre unter den Bezeichnungen 90er, 110er und 130er subsumieren.

Beliebtes Umbauprojekt: Land Rover Ninety mit nach hinten offener Kabine, im Fan-Jargon Bikini-Top genannt.

Softtop

Softtop bedeutet immer, dass es kein festes Dach gibt und das ganze Fahrzeug mit einer Plane abgedeckt ist. Diese Fahrzeuge waren

Umbau eines Land Rover Defender 110 mit geteilter Frontscheibe, Serie-Türen und Full-Length-Hood-Softtop; Exportversionen waren optional als »Windows Softtop« mit kleinen Kunststofffenstern erhältlich.

nicht zwangsläufig Pickups. Diese Version ist sehr oft an das Militär ausgeliefert worden. Im Heck befand sich dann eine Klappe und keine Tür. Häufig findet sich auch die Bezeichnung »full length hood« für Softtops, da sich die Plane bis zur Windschutzscheiber erstreckte. Diese fanden sich oft beim Militär oder zivile Fahrzeuge wurden entsprechend umgebaut.

Pick Up & High Capacity Pick Up

Die Pickup-Modelle besaßen eine Ladefläche hinter der geschlossenen Kabine. Ein Softtop ist im Grunde auch ein Pickup, nur dass die Kabine hinten nicht geschlossen ist und auch Sitze im Heck vorhanden sein können. Einige Sondermodelle waren so aufgebaut, wie der für die USA bestimmte Ninety NAS, der im Heck Sitze besaß. Bei den Pickups wurde das Reserverad mangels Hecktür an die Rückseite der Kabine und beim HCPU an der Ladebordwand innen montiert. Die 110er Pickups gab es mit einer und ab 2000 mit zwei Sitzreihen. Als Doppelkabine mit zweiter Sitzreihe wurde das Modell zunächst Crew Cab genannt. Ab 2000 wechselte in den Broschüren die Bezeichnung zu Double Cab Pick Up. Beim Defender 130 war es ähnlich. Fand sich beispielsweise beim Tdi200 noch die Bezeichnung Crew Cab, wechselte diese schon vor 2000 zu Double Cab. Diesen gab es immer nur mit Doppelkabine und Ladefläche.

Schlammige Ausfahrt mit einem Land Rover Ninety Td4 Pickup in Softtop-Ausführung.

Defender 90 Tdi-Pickup mit auf der Motorhaube platziertem Ersatzrad, wie es für frühere Modelle typisch war. (Foto: Julien Gerard/wikimedia commons)

Allerding sollte man das mit den Namen nicht zu ernst nehmen: Wie inkonsequent Land Rover selbst mit diesen ganzen Namen war, lässt sich in den Broschüren erkennen. In einer einzigen Broschüre werden bei den Fahrzeugabbildungen ein und dasselbe Pickup-Modell mal als Double Cab und mal als Crew Cab bezeichnet.

High Capacity Pickup (HCPU)

War der Defender 130 schon immer eine High Capacity Pick Up (HCPU) Version, gab es beim 110 zwei Varianten. Der 110 HCPU Pick Up besaß ebenfalls eine abgesetzte Ladefläche, allerdings ist diese größer als beim 130. Dafür gab es ihn nur als Einzelkabiner.
Beim HCPU und dem 130er mit der abgesetzten Ladewanne ist das Reserverad seitlich innen an der Ladebordwand befestigt.

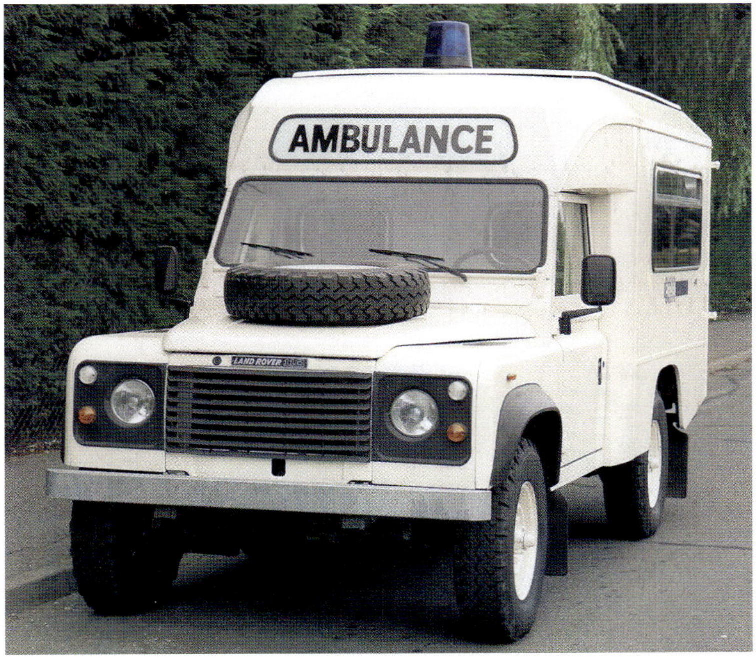

Auch als Krankenwagen konnte ein Land Rover dienen – den entsprechenden Umbau vorausgesetzt.

Maximale Verwirrung: In offiziellen Broschüren wurde dasselbe Pickup-Modell sowohl als »Double Cab« wie auch als »Crew Cab« bezeichnet.

Auch in der Heckansicht ist die breite Pritsche des Land Rover Defender 110 High Capacity Pick Up (HCPU) erkennbar.

Im Jahr 2000 wurde der Land Rover Defender 130 Crew Cab mit verkleinerter Ladefläche in »130 Hi-Capacity Double Cab« umbenannt.

Bei der FIA Rallye »OiLibya de Tunisie« 2011 starten Amadeus Matzker und Navigator Lee Palmer im »Defender md5r« auf Basis des 110.

Station Wagon

Der Station Wagon ist sicherlich das Massenmodell. Je nach Länge und Jahr boten diese Fahrzeuge zwischen vier und elf Personen Platz. Der County Station Wagon war dabei das Spitzenmodell. Es gab Station Wagon als 90er und 110er.

Hardtop & Utility Station Wagon

Als Hardtop wurden die kommerziellen, geschlossenen Modelle bezeichnet. Es gab sie als 90er und 110er mit einer Sitzreihe vorne und drei Türen. Sie besitzen geschlossene Seitenpaneele ohne Fenster. In manchen Märkten, wie Österreich, ist das vorgeschrieben, wenn das Fahrzeug als Nutzfahrzeug eingestuft werden soll. Mit dem Defender Td4 hielt eine neue Variante Einzug:
Ein Hardtop mit zweiter Sitzreihe und fünf Türen. Diese Version hieß 110 Utility Station Wagon. Das war ein cleverer Zug, da fünf Personen befördert werden konnten, das Fahrzeug aber dennoch als Nutzfahrzeug galt. In einigen Märkten bedeutete das einen steuerlichen Vorteil.
Die Alpine-Fenster waren bei den Hardtop-Modellen optional. Oft wurde aus Gründen der Dachstabilität auf sie verzichtet. Bei den

Defender 110 Utility Station Wagon – seine modulare Bauweise machte den Land Rover zum perfekten Objekt für Umbauten aller Art.

Dieses Defender-Chassis wurde zum Personentransporter für die Firma Vagabond Tours aus Irland umgebaut.

gehobeneren County Modellen waren sie zunächst standardmäßig im Paket enthalten.
Genau wie beim Softtop gab es auch hier die Möglichkeit seitliche Fenster im Heck zu ordern (Window Hardtop).

Utility Station Wagon - Chassis

Mit seiner Modularität drängte sich der Land Rover Fahrzeugbauern geradezu auf. Diese konnten ein leeres Chassis beziehen, um zahlreiche Umbauten darauf anzubieten. Das reicht von Steigern, Kippern, Feuerwehren und Ambulanzen bis hin zu gepanzerten Karosserien, Abschleppwagen, Werkstattwagen und vielem mehr. Firmen wie Ricardo, Carmichael, Wilker, Foley Specialist Vehicles, Marshall oder auch Rosenbauer und Versalift nahmen sich solcher Umbauten an.
Es gab seitens Land Rover Programme wie AVM (Approved Vehicle Modifiers) die eng mit der SVO-Abteilung Land Rovers zusammenarbeitet und offiziell genehmigte Umbauten vornahmen. Das war insofern wichtig, als dass es die Gewährleistung und die technische Unterstützung durch Land Rover sicherstellte.
Den 90er gab es nicht als Chassis zu erwerben, wohl aber den 110er und den 130er. Als 130er gab es ihn dann auch als Single Cab mit nur einer Sitzreihe.

Dank seiner hohen Modularität wurde der Land Rover zur idealen Basis für zahlreiche Sonderaufbauten – sogar als Abschleppwagen. (Foto: Ralf Roletschek / wikimedia commons, CC BY-SA 1.0)

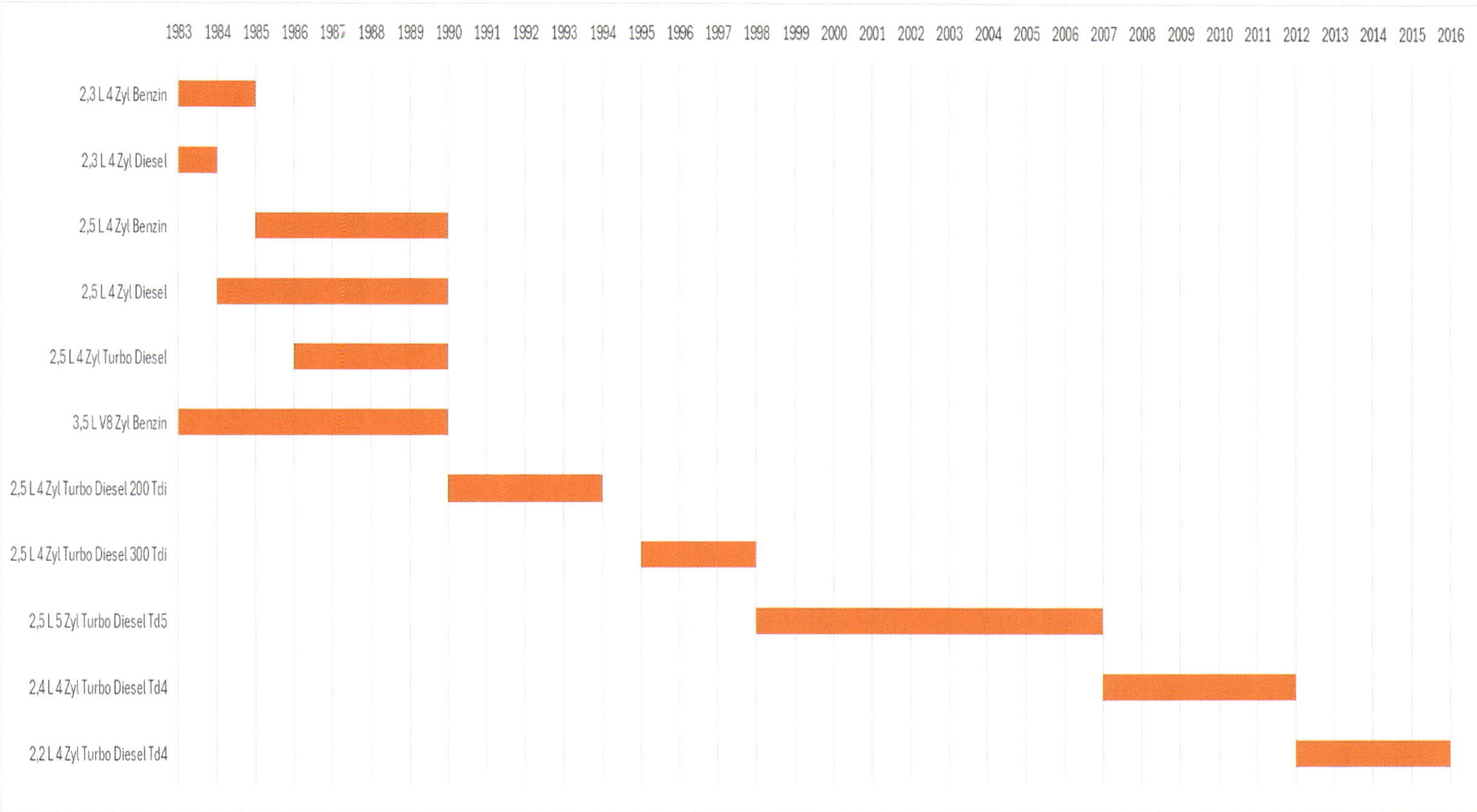
1983
1984
1985
1986
1987
1988
1989
1990
1991
1992
1993
1994
1995
1996
1997
1998
1999
2000
2001
2002
2003
2004
2005
2006
2007
2008
2009
2010
2011
2012
2013
2014
2015
2016
2,3 L 4 Zyl Benzin
2,3 L 4 Zyl Diesel
2,5 L 4 Zyl Benzin
2,5 L 4 Zyl Diesel
2,5 L 4 Zyl Turbo Diesel
3,5 L V8 Zyl Benzin
2,5 L 4 Zyl Turbo Diesel 200 Tdi
2,5 L 4 Zyl Turbo Diesel 300 Tdi
2,5 L 5 Zyl Turbo Diesel Td5
2,4 L 4 Zyl Turbo Diesel Td4
2,2 L 4 Zyl Turbo Diesel Td4

STIL KANN MAN BAUEN.
Land Rover Klassiker, individuell neu aufgebaut. Beratung und Auswahl unter matzker.de
matzker Classic
Ihr Spezialist für klassische Defender – mit über 40 Jahren Erfahrung und Leidenschaft für den Land Rover Defender. Feiern Sie mit uns unser Jubiläum!
Matzker KFZ-Technik GmbH, Robert-Perthel-Straße 31, 50739 Köln, Tel.: +49 221 5463236, matzker.de
matzker
40 Jahre 4x4 Erfahrung
LAND ROVER
SERVICE